U0274906

# Large-Scale Scrum
## More with LeSS

# 大规模Scrum

## 大规模敏捷组织的设计

[加] 克雷格·拉尔曼（Craig Larman）　　[荷] 巴斯·沃代（Bas Vodde）

肖冰　译

机械工业出版社

China Machine Press

## 图书在版编目（CIP）数据

大规模 Scrum：大规模敏捷组织的设计 /（加）克雷格·拉尔曼（Craig Larman）等著；肖冰译 . —北京：机械工业出版社，2018.7

（敏捷开发技术丛书）

书名原文：Large-Scale Scrum: More with LeSS

ISBN 978-7-111-60650-5

I. 大… II. ①克… ②肖… III. 软件开发 IV. TP311.52

中国版本图书馆 CIP 数据核字（2018）第 176181 号

本书版权登记号：图字 01-2016-8641

## 大规模 Scrum：大规模敏捷组织的设计

出版发行：机械工业出版社（北京市西城区百万庄大街 22 号　邮政编码：100037）

责任编辑：张志铭　　　　　　　　　　　责任校对：李秋荣

印　　刷：北京市兆成印刷有限责任公司　　版　　次：2018 年 8 月第 1 版第 1 次印刷

开　　本：186mm×240mm　1/16　　　　印　　张：14.75

书　　号：ISBN 978-7-111-60650-5　　　定　　价：79.00 元

# *Foreword* 推 荐 序

为什么要拥抱敏捷？企业为什么要转型？

作为领导者，你需要问自己一个简单的问题：内部组织调整和重新配置的决策速度能否赶上市场和技术变化的速度？如果答案是否定的，那么这个不可调和的矛盾将会严重影响你的商业业绩。在这个互联网和人工智能的数字化时代，组织规模越大、官僚层级越多，各职能部门越容易形成孤岛，从而导致决策流程长，决策效率低。因为背负着太多的"组织债"，对内调整战略和决策缓慢，对外难以响应市场客户和技术的变化，更不要说创新了。

这是一个充满变化的时代，风险与机遇并存，适者生存。传统的计划驱动的项目管理和确定性管理已经不再适用，边前进边学习才是唯一的应对之道。

诺基亚西门子通信公司（简称诺西，即现在的诺基亚通信）从 2005 年开始尝试导入 Scrum框架进行敏捷转型，本书作者之一 Bas 当时正是诺西的雇员，而 Craig 和其他几位敏捷宣言的签署者受聘担任敏捷教练。本人在从 2007 年加入诺西的几年时间内，有幸经历了完整的转型过程，历任开发团队成员、Scrum Master、R&D Manager 等，和组织一起摸索着前行并成长。

Scrum 是一个解决复杂问题的框架，也是各个遵循 2001 年敏捷宣言的流派中，目前流传和应用最广的一个，全球大约 70% 的企业转型认可并采用 Scrum 框架。《Scrum 指南》作为 Scrum 的权威定义，对多个团队协作方式提到的不多。然而，以诺西的产品为例，人们打一通电话要经过一个通信网络中的数十个网元设备。而一个网元的研发工作，也需要数百人共同协作来完成。既然没有规模化转型的银弹，那就摸索着前进吧，无论如何是不能回头了。整个转型过程就是痛并快乐着。这种大型组织的转型，是一个打破旧世界，并在混乱中建立新秩序的过程。有痛点才有驱动力，作为一个当时陷入行业危机的通信企业，在生存危机面前，没有什么是不能改变的。

8 年前本人有幸读过 Craig Larman 和 Bas Vodde 早期总结的《精益和敏捷开发大型应用指南》及对应的实践一书，里面提供了思考工具和组织设计工具。在经历诺西的大规模实验之后，两位作者逐渐总结出 LeSS 框架，后又在 JP Morgan、BMW 等多家企业进行打磨。而本书正是基于他们最新经验的升级版。

本人接触敏捷和 Scrum 刚好十年，近年来培训和指导过很多不同的企业。今年春天在美国参加了 Craig 的 LeSS 培训课程，对我来说，这相当于一次复习，也让我重新理解了 Scrum 和系统思考在组织设计中的运用，比起框架本身，思考的过程让我的收获更大。

自进入工业时代以来，管理理论一直以"分"作为主脉络并延伸至今，从"分工"到"分权"再到"分利"，紧紧围绕着如何提升管理效率（包括资源利用率）展开，并取得了明显的绩效结果。然而我们也看到，即使组织掌握相同的管理知识，拥有相同的管理结构，仍然会取得不同的绩效。研究发现，绩效背后的原因恰恰不是因为"分"，而是因为"合"，也就是综合整体、职能协同、系统合一，关键是要把企业和组织看成一个"整体"，而非分割状态。本人对 LeSS 设计的理解是停止局部优化，从全局改进点出发进行系统思考，根据多因果回路推导出框架和规则。当然，如果组织优化的出发点并不是自适应性（adaptiveness，即响应变化的能力），那么得到的可能是另一套做法，而不是 LeSS 框架。

LeSS 的设计遵循了 Scrum 原则、规则及实验性过程，并扩展到多团队协作。框架的作用是给大家一个启动的指导和共同理解。逐步做减法，轻装上阵，才能获得可持续的适应性和生存能力。不论是 Scrum 还是 LeSS 都暗示着：组织和个体的行为受组织结构的深刻影响，因此先期的组织结构调整是在为建立敏捷文化铺平道路。另一个转型的阻碍就是受限于工程能力，因此，对技术卓越和工程实践的实施，也是提高整体敏捷性的关键。

整个 LeSS 体系分为 4 个层面：原则处于核心位置，并从中推导出框架，然后给出一些具体的、固定的指南和规则，最后是可变的部分——做试验。面对不确定性，导入的方式也是千变万化，多个团队的协作也并没有单一固定的实践，所以更多是试验。用敏捷的方式来导入敏捷，同时保持系统思考和全局视角，化繁为简，LeSS is More 嘛。在 LeSS 框架中，处处体现着敏捷原则第十条：简单。

本书主要介绍 LeSS 框架和规则，分为 LeSS 结构、LeSS 产品和 LeSS Sprint 等三个部分。期望读者在读完本书后可以开始上手尝试，并理解背后的一些设计理念。

申健

优普丰敏捷学院全球合伙人，首席敏捷教练

Certified Scrum Trainer (CST), Certified Team Coach (CTC), LeSS-Friendly Scrum Trainer (LFST), CPCP

个人博客：www.JackyShen.com

2018 年 5 月

作为一种关于如何大规模地实施敏捷和 Scrum 的方法,大规模 Scrum(Large-Scale Scrum,LeSS)为当今管理领域的转变做出了重要的贡献。

在 20 世纪,等级森严的官僚体系使得大型组织可以共同努力,实现生产力的非凡提升。之后,世界变了——放松的管制,全球化浪潮,知识工作和新技术,以及(尤其是)互联网的出现,改变了一切。于是竞争加剧,变革步伐加快。同时,计算机软件使生产力得到了巨大的提高,但反过来又带来了前所未有的复杂性。随着市场力量从卖方转移到买方,客户(而不是公司)逐渐变成商业世界的中心。这些转变对管理方式提出了与以往根本不同的要求,其目的是调动组织内外每一个人的才能,迎接让客户满意这一更加困难的挑战。为了应对这些变化,仅对现有管理实践进行修正已远远不够了。敏捷和 Scrum 的出现恰逢其时,它为组织提供了多种明确的选择,去替代那些长期存在、显而易见且不证自明的管理假设。

LeSS 在处理大型和复杂开发方面展示了其强大的能力。自管理团队不只是充满好奇心的小团队,更是可以管理大量技术复杂性的国际业务的群体。LeSS 实践不仅是可伸缩的,而且其可伸缩性还不夹杂任何官僚主义式的死板。

在扩展敏捷和 Scrum 的管理方法方面,LeSS 通过整合十多年的经验教训,从根本上改造了管理的过程,揭示了如何通过创造简单性来应对巨大的复杂性。

LeSS 有其不完整的一面,但这是有意而为之的,目的是为大量的情境学习保留空间。它在许多方面没有提供明确的答案,也没有试图满足 20 世纪人们对公式化答案或表面上安全且严谨的方法的渴望,因为这些方法给了人们一种舒适的幻觉,让人们误以为控制是可预测的。LeSS 关注扩展时所需的最基本的要素,包括对卓越技术的持续关注和持续试验的开放思维。它鼓励不断地尝试新的试验和持续的改进。与 Scrum 本身一样,LeSS 也力图在抽象原则和具体实践之间寻求平衡。

另外,和 Scrum 一样,LeSS 也不是构建产品的过程或技术。相反,它是一个框架,在这个框架内可以调整各种过程和技术来满足特定情景的需要。它明确阐释了如何通过产品管理和开发实践来驱动持续的改进，以便为客户创造更多价值。

　　LeSS 提供的是理解和采用 LeSS 深层原则的切入点，而并非固定的答案。其问的不是："我们如何在复杂的等级官僚体系中实现大规模的敏捷？"而是一个独特且深层次的问题："我们如何简化组织，变得敏捷？"

　　在这个问题上，对于较大的产品组织，LeSS 在努力实现其中的平衡。它为 Scrum 添加了更为具体的结构，同时保持完全透明，并强调检查与调整循环，通过这些方法和原则确保团队的工作方式不断改进。另外它还解决了一个基本问题：如何把在单个团队级别上取得的真正良好的效果推广到组织内的多团队上？

　　在扩展敏捷和 Scrum 方面还有很多事情要学习和完成。本书既是进度汇报，也是未来指南。如何让多个团队在产品和平台的各个方面同步工作，目前在这个问题上，许多组织的行动不尽人意。调查显示，当今大多数敏捷和 Scrum 团队都认为，他们团队的运行方式与组织内其他部分的运行方式之间矛盾重重。本书正好可以为解决这种紧张局面提供一个实用且详细的指南。

Stephen Denning

《The Leader's Guide to Radical Management》的作者

2016 年 4 月 27 日

　　一切伟大的真理都以亵渎神灵开始。

——萧伯纳

　　欢迎来到 LeSS 世界，在这里，组织的复杂性被简单的结构所取代，不只是人，还有人们的学习也成为组织的关注点。对一些人来说，LeSS 可能看起来是浪漫的，并且充满无可救药的理想主义。但事实并非如此，它在当今许多产品组织中已确确实实存在！

## 为什么要写这本书？

　　我们的前两本 LeSS 书出版后，收到了许多反馈，克雷格在思考这些反馈时，认为这两本书里的想法太多而基础观点太少，所以他问巴斯是否想再写一本。巴斯回绝了，因为他当时正在急切地等待着他第二个儿子的降生。不屈不挠的克雷格最终还是让巴斯同意一起写这本书，并让其相信这是一本内容相对简单的书。但克雷格错了。

　　我们最初的目的是为前两本 LeSS 书写一本初级读物，但我们最终收获的却是一本截然不同的书，因为我们在探讨具体的基础观点时，对大规模的最基本要素进行了更为系统的推敲。结果呢？便是为读者呈现的 LeSS 规则、LeSS 指南，以及这本书。

　　LeSS 规则和指南至关重要，但它们不是规模扩展时唯一要考虑的因素。在进入 LeSS 之前，我们要强调另外两个应当持续关注的要点：卓越技术和试验思维。

## 读者对象

　　本书是为产品开发中所涉及的每一个人而编写的。阅读本书唯一的先决条件是读者需具有基本的 Scrum 知识。如果没有这方面的知识，我们建议读者从阅读《Scrum 指南》和《Scrum 简章》（scrumprimer.org）开始。本书每一章的开始都将快速重温与其主题相关的 Scrum。

## 章节结构

各主要章节的结构如下：

❑ **单团队 Scrum**

概述一个团队时采用的 Scrum，为学习 LeSS 做准备。

❑ **LeSS**

涵盖 LeSS 基本框架。这一节的结构如下：

- 导言及 LeSS 相关原则。
- LeSS 规则。
- LeSS 指南。

❑ **巨型 LeSS**

结构与 LeSS 部分相同。

## 组织有关的术语

大多数术语在首次使用时给出了定义。然而，由于不同的公司可能会使用不同的术语，在与组织有关的术语方面我们遇到了一些困扰。这里我们介绍了书中使用的一些术语，它们对有些读者来说显而易见，而对另外一些读者来说可能是晦涩难懂的。

❑ **产品组**

参与产品创建的所有人员。公司经常使用"项目"（project）来指代所有参与开发的人，但是本书避免使用这个术语，因为它经常强调的是产品的开发。因此，本书使用产品组⊖。

❑ **直线组织**

通常是组织架构图中所描述的正式组织结构。直线组织通常参与对员工的评估、员工的雇用、解雇和能力发展。公司中也可能存在矩阵式项目组织（在 LeSS 中不存在）和工作人员或支持组织。

❑ **直线经理和一线经理**

直线组织中员工向上报告的经理。一线经理是员工向上报告的直属经理。

❑ **高级经理或高管**

在组织高层工作的经理。在大型组织中，他们往往不属于产品组。

❑ **产品管理或产品营销**

产品组织中探索市场并决定产品内容的职能。这通常与团队没有直线报告关系。

---

⊖ 产品组在书中有时又称为产品团体，每个产品组或产品团体由多个团队组成。一个企业或组织中可以有多个产品组。——译者注

❑ **产品组领导**

领导整个产品组的管理者，产品组中的所有人员都以直线关系向其报告。

❑ **项目 / 项目群经理**

传统意义上负责产品发布时间表的角色。这通常与团队没有直线关系，因为它是一个短期临时的角色。这些角色在 LeSS 组织中不应存在。

❑ **职能组织**

基于职能性技能（如开发、测试或分析）的直线组织。在 LeSS 组织中不应存在。

## 致谢

有非常多的人参与了对本书的评论。下面列出对一章以上的内容做过评论的人：Janne Kohvakka, Hans Neumaier, Rafael Sabbagh, Ran Nyman, Ahmad Fahmy, Mike Cohn, Gojko Adzic, Jutta Eckstein, Rowan Bunning, Jeanmarc Gerber, Yi Lv, Steve Spearman, Karen Greaves, Marco Seelmann, Cesario Ramos, Markus Gärtner, Viktor Grgic, Chris Chan, Nils Bernert, Viacheslav Rozet, Edward Dahllöf, Lisa Crispin, Mike Dwyer, Francesco Sferlazza, Nathan Slippen, Mika Sjöman, Tim Born, Charles Bradley, Timothy Korson, Erin Perry, Greg Hutchings, Jez Humble, Alexey Krivitsky, Alexander Gerber, Peter Braun, Jurgen De Smet, Evelyn Tian, Sami Lilja, Steven Mak, Alexandre Cotting, Bob Schatz, Bob Sarni, Milind Kulkarni, Janet Gregory, Jerry Rajamoney, Karl Kollischan, Shiv Kumar Mn, David Nunn, Rene Hamannt, Ilan Goldstein, Juan Gabardini, Mehmet Yitmen, Kai-Uwe Rupp, Christian Engblom, James Grenning, Venkatesh Krishnamurthy, Peter Hundermark, Arne Ahlander, Darren Lai, Markus Seitz, Geir Amsjø, Ram Srinivasan, Mark Bregenzer, Aaron Sanders, Michael Ballé, Stuart Turner, Ealden Escañan, Steven Koh, Ken Yaguchi, michael james, Manoj Vadakkan, Peter Zurkirchen, Laszlo Csereklei, Gordon Weir, Laurent Carbonnaux, Elad Sofer。

最后特别感谢 Bernie Quah 的艺术渲染力和 Terry Yin 对几乎所有请求的支持。也感谢 Addison-Wesley 出版社的 Chris Guzikowski，在这个比预定时间更长的图书项目中他表现出了无限的耐心。

# 目　录 *Contents*

# 以少为多

最便宜、最快捷和最可靠的组件是那些不存在的组件。

——戈登·贝尔

## 为什么要采用 LeSS

在过去十年中 Scrum 的应用呈现出了爆炸式的增长，为什么呢？这个问题，我们曾在新加坡一家小贩中心一边喝啤酒一边讨论过。

当时有人说，是由于认证模式的出现和简化推动了 Scrum 的应用，也许吧。但另一种敏捷方法，DSDM，在 Scrum 之前就提供了认证，却从未因此而普及。

也有人说，是由于 Scrum Master 课程的出现带来了新的变化，况且肯·施瓦伯最初的 Scrum Master 课程确实产生了很大的影响。然而，极限编程（Extreme Programming）首先推出了 XP 浸入式课程，但最后也没有做到遍地开花。

也许是 Scrum 的简单造就了其独特性？与 XP 相比，Scrum 提供了一个更简单的框架，然而，更简单的敏捷方法（如 Crystal 方法）却从未真正腾飞。

经过一番讨论和思考，克雷格认为：

> Scrum 在抽象原则和具体实践之间找到了一种理想的平衡。

讨论到此便画上了句号，我们又喝了一杯啤酒。

这些具体实践强调的是经验性过程控制（empirical process control）——Scrum 的核心原则之一。经验性过程控制使 Scrum 有别于其他敏捷框架。《Scrum 指南》（Scrum Guide）很好地描述了这一点：

> Scrum 不是构建产品的过程或技术；相反，它是一个框架，你可以在其中使用各种过程和技术。Scrum 明确了产品管理和开发实践的相对效能，以便你可以不断改进它们。

什么意思呢？经验性过程控制让我们既不限定产品的范围，也不限定构建产品的过程。取而代之的是，在较短的周期内，我们可以生产出较小的可交付产品功能块。检查我们得到的是什么以及我们是如何创建它的，并调整产品和创建它的方式。这种明确的检查通过内建的透明机制得以实现。

有时各种原则听起来很诱人，但在实际中又断然不可行。而正是一组简单的具体实践，使得 Scrum 易于入手：明确的角色、工件和事件。

---

Scrum 的具体实践为采用其更深层次的原则提供了起点。这是一种完美的平衡。

---

大规模 Scrum，即 Large-Scale Scrum（LeSS），对于大型产品团队可以实现同样的平衡。它为 Scrum 增加了一个更具体的框架结构，其目的是保持透明性，并强调定期采用检查与调整（inspect-adapt）实践，让团队能够不断地改进自己的工作方式。

与 Scrum 类似，LeSS 的不完整性是有意而为之的，目的是为更广泛的情景式学习保留空间。在许多方面它没有提供明确的答案，它也不能满足那些寻求公式化答案或寻求表面上安全且严谨的方法的人，其实这些方法通过定义的过程会给人一种舒适但错误的幻觉——控制是可预测的。这些方法破坏了经验性过程控制的原则，让人们感觉自己好像拥有了过程和实践的所有权。

定义不明确的过程要付出高昂的学习代价。人们要的是以少为多，事半功倍。

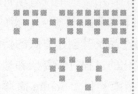

第 2 章 *Chapter 2*

# LeSS

构建"设计"的方法有两种：一种是简单到明显没有缺陷，一种是复杂到没有明显缺陷。

——C. A. R 霍尔

## 单团队 Scrum

Scrum 是一个"经验 – 过程 – 控制"开发框架，在这个框架中，跨职能的自管理团队以迭代增量的方式开发产品<sup>⊖</sup>。在每一个时间固定的 Sprint<sup>⊜</sup>中产出一个潜在的可交付的产品增量，理想情况下产品增量是要发布的。产品负责人只有一个，负责最大化产品的价值，确定产品待办事项列表（Product Backlog）中的条目优先级，并根据持续的反馈和学习成效以自适应的方式来确定每个 Sprint 的目标。小团队负责实现 Sprint 目标；对团队是否可以承担单一的专门化角色未加限制。Scrum Master 教授团队成员为什么要使用 Scrum 以及如何从中获取价值，指导产品负责人、团队和组织如何应用 Scrum，并充

LeSS 初始 PBR 的一个大故事图

⊖ 请阅读前言，了解为什么每章都是从这样一个小节开始，开每章开始的这个小节主要介绍一些关键术语的定义，以及风格要点。

⊜ Sprint 的中文词义为"冲刺"，在本文中意指"最小迭代周期"，可译为"迭代"。——译者注

当了一面镜子的作用。这里没有项目经理或团队领导这类角色。

经验性过程控制需要透明，指的是可交付产品增量的短周期开发和审查过程中的透明度。它强调对产品及其创建方式的持续学习、检查与调整。它基于这样一种认识，即开发中既详细又程式化的过程过于复杂和动态，这会妨碍人们对过程的质疑、参与和改进。

《Scrum 指南》和《Scrum 简章》中强调的是一个团队，而不是很多团队一起工作。这自然会引发人们对大规模 Scrum 情形的思考。

## 2.1 LeSS 概述

> LeSS 是应用于共同开发同一产品的许多团队的 Scrum。

**LeSS 也是 Scrum**——大规模 Scrum（LeSS[⊖]）并不是全新的或改进的 Scrum。它不是每个团队在基层使用的 Scrum，也不是层次化组织结构中置于顶层的什么东西。相反，其所涉及的是如何在大规模环境（context）下尽可能简单地应用 Scrum 的原则、目的、要素及其所表现出的灵活和优雅。与 Scrum 和其他真正的敏捷框架一样，LeSS 是一种为能产生重大影响而生的"简单方法"（参见第 3 章）。

> 扩展 Scrum 不是一个特别的、可伸缩的框架，它只包括团队级别的 Scrum。
> 真正的扩展 Scrum 是 Scrum 可扩展的方法。

**LeSS 应用于许多团队**——跨职能、跨组件、全特性团队，由 3 ～ 9 名注重学习的人员组成，他们完成所有工作——从 UX（用户体验）设计到代码编写，再到视频交流——以完成各项条目，创造出可交付的产品（参见第 4 章）。

**LeSS 在于协同工作**——团队之所以协同工作，是因为他们有一个共同的目标，即在一个共同的 Sprint 阶段结束时共同实现一个可交付产品，而这一点每个团队都会时刻关注，因为他们是负责交付整体产品而不是产品局部的特性团队（参见第 13 章）。

**LeSS 用于生产一个产品**——什么样的产品呢？一个清晰完整的、端到端的、以客户为中心的、有真正客户使用的解决方案。它不是组件、平台，也不是什么层或者库（参见第 7 章）。

### 2.1.1 背景

2002 年克雷格撰写《敏捷与迭代开发》（Agile & Iterative Development）一书时，许多人还认为敏捷只适合于小团队。当时，我们俩就对将 Scrum 应用于大型、多地点和离岸的开发非常感兴趣，并且我们不断收到来自各方的越来越多的这类请求。因此，自 2005 年

---

⊖ LeSS 支持大规模 Scrum 和规模缩小时的简化 Scrum。

以来，我们一直与客户合作以扩展 Scrum 方法。如今，两个 LeSS 框架（小型 LeSS 和巨型 LeSS）已为全球不同领域的大型集团所采用：

- ❏ 电信设备领域——爱立信和诺基亚通信<sup>⊖</sup>
- ❏ 投资和零售银行领域——瑞银
- ❏ 交易系统领域——ION 交易
- ❏ 营销平台和品牌分析领域——Vendasta
- ❏ 视频会议公司——思科
- ❏ 在线游戏（下注）公司——bwin.party
- ❏ 离岸外包公司——Valtech 印度<sup>⊖</sup>

从规模角度看，什么算是典型的大型 LeSS 案例呢？在一两个地点有五个小组也许可以算作大。我们参与过这种规模的项目：从几百人，到一个巨型 LeSS（超过一千人），有很多个开发地点，数千万行 C++ 代码，还有专门定制的硬件。

**进一步学习 LeSS**

为了帮助人们学习，加之与客户合作的经验，我们在 2008 年和 2010 年先后出版了两本书，讨论了如何利用 LeSS 框架进行扩展敏捷开发：

1.《精益和敏捷开发大型应用指南》（Scaling Lean & Agile Development: Thinking and Organizational Tools for Large-Scale Scrum）——解释了 LeSS 的思想、领导力和组织设计的变化。

2.《精益和敏捷开发大型应用实战》（Practices for Scaling Lean & Agile Development: Large, Multi-site & Offshore Product Development with Large-Scale Scrum）——根据我们与客户合作的经验，分享了 LeSS 具体的试验成果，以及在产品管理、架构、规划、多地点、离岸、合同等方面的试验成果。

本书是 LeSS 系列的第三部，是一部前传和入门书，将综合阐明和强调什么是最重要的。

除了这些书之外，从 LeSS 网站（less.works）中还可以找到更多的在线学习资源（包括书籍章节、文章和视频），以及课程和辅导方面的信息。

## 2.1.2　试验、指南、规则、原则

前两本 LeSS 书强调的是：在产品开发中没有最佳实践，而只有在特定环境中最适合的实践。

实践是在环境中形成的；毫无顾虑地宣称这些实践是"最佳的"会让它们与动机和环境脱节，继而变成纯粹的仪式性活动。推广所谓的最佳实践会扼杀学习、提问、参与和持续改进的文化，因为人们会想为什么要挑战最好的东西呢？

因此，早期的 LeSS 书籍分享了我们和我们的客户尝试过的试验，我们不断鼓励人们去了解和应用这一试验思想。但随着时间的推移，我们注意到这种试验思想存在两个问题：

- ❏ 新团体做出了对自己有害的不明智决定，以非预期的方式采用 LeSS，并带有明显的

---

⊖　诺基亚通信公司不是微软收购的那个移动电话公司。

⊖　如需更多示例，请参阅 LeSS 网站（less.works）上的案例研究。

问题；例如：团体为每个团队创建一个需求领域（Requirement Area）。哎哟！

❑ 新团体会提出，"我们从哪里开始？什么最重要？"等问题。可以理解他们没有学习
关键的基础知识。

基于这种反馈，我们进行了反思，并重回到 Shu-Ha-Ri⊖的学习模式：Shu——遵从规
则，学习基础；Ha——打破规则，探索场景；Ri——全面掌握，开创新路。在 Shu 层面的
LeSS 采用中，我们利用简单框架提供的规则来启动经验性过程控制和整体产品聚焦⊜。这些
规则定义了两个 **LeSS 框架**，随后将对两者进行介绍。

LeSS 总结并建立在这些要点之上，其内容包括：

❑ **规则**——用于启动和形成基础的规则。规则定义 LeSS 框架，框架支撑经验性过程控制
和整体产品聚焦（原则）。例如，每个 Sprint 举行一次全体回顾（Overall Retrospective）。

❑ **指南**——一组繁简适中的指南。可有效地指导如何采纳 LeSS 规则，也是试验的一部
分；这些指南基于多年的 LeSS 应用经验，值得尝试，并且其包含了一些技巧性提
示。指南通常很有帮助，但同时也需要不断改进；例如，指南：三个采用原则。

❑ **试验**——许多试验都是非常情境化的，甚至可能不值得去尝试。例如，尝试……团
队翻译。

❑ **原则**——一组从 LeSS 应用经验提炼而来的原则，是 LeSS 的核心，指导着规则、指
南和试验；例如，整体产品聚焦。

> LeSS 指南和试验是可选的。指南可能会有帮助，建议大家尝试。如果绕过或丢
> 弃指南，则可能会阻碍人们做深入改进，所以不要这么做。

如右侧 LeSS 全图是观察 LeSS 的个好方法。

LeSS 全图展示的内容将作为我们介绍 LeSS 的
顺序：

1. LeSS 原则（principles），下一节。

2. LeSS 框架（frameworks，由规则定义），本
章其余部分。

3. LeSS 指南（guides），本书其余章节。

4. LeSS 试验（experiments），已经在前两本 LeSS
书中介绍。

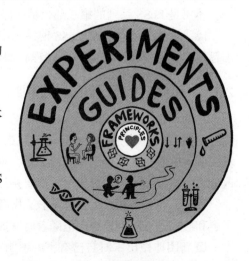

---

⊖ 源自于日本传统武术，大致可译为"守、破、离"。——译者注

⊜ Scrum 框架有一些规则。基于相同的原因，LeSS 框架也有规则。

## 2.1.3　LeSS 原则

　　LeSS 规则定义了 LeSS 框架。但这些规则具有极简主义的特征，并没有说明特定环境下如何应用 LeSS。LeSS 原则为人们制定这些决策提供了基础，参见下图。

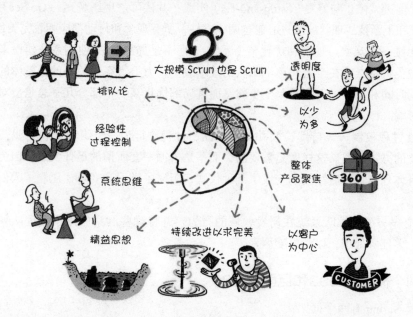

　　**大规模 Scrum 也是 Scrum**——它不是新的被改进的 Scrum。确切地说，LeSS 研究的是如何在大规模环境中尽可能简单地应用 Scrum 的原则、规则、要素和目的。

　　**透明度**——基于有形的"完成"条目、短周期、协同工作、共同定义，以及对工作场所恐惧的消除。

　　**以少为多**——我们不想要更多的角色，因为更多的角色会导致团队的责任感更弱。我们不想要更多的工件，因为更多的工件会导致团队和客户之间的距离更远。我们不想要更多的流程，因为更多的流程会导致团队学习更少，团队对流程的所有权更弱。相反，我们希望拥有更少（很少）的角色和更负责任的团队，希望拥有更多以客户为中心的团队以便用更少的工件构建更有用的产品，希望拥有更少的既定流程让团队拥有更多的流程所有权和更有意义的工作。我们要的是以少为多。

　　**整体产品聚焦**——一个产品待办事项列表、一个产品负责人、一个可交付产品、一个 Sprint——无论是 3 个团队还是 33 个团队。客户希望在有内聚力的产品中提供有价值的功能，而不是在分离的部件中提供技术性的组件。

　　**以客户为中心**——专注于了解客户真正的问题并解决这些问题。识别付费客户眼中的价值观。从客户的角度减少等待时间。增加并加强与实际客户的反馈回路。每个人都需要知道他们今天的工作如何与付费客户直接相关，如何让付费客户受益。

　　**持续改进以求完美**——完美的目标是：始终以几乎无成本、无缺陷的方式创建和交付产品，让客户感到满意，让环境得到改善，让生活更加美好。为实现这一目标，团队需要不断地做谦逊和激进的改进试验。

**精益思想**——创建一个组织体系，其基础是认可管理者作为导师来应用和教授精益思想，设法改进、促进"停止与修复"（stop-and-fix）实践，并认可"现场观察"（Go See）观念，加入尊重他人和不断挑战现状的改进心态这两大支柱，所有观念和行动都应朝着完美目标前进。

**系统思维**——观察、理解和优化整个系统<sup>⊖</sup>（而不是局部），并使用系统建模来探索系统的动态。避免将重点放在个人和单个团队的效率或生产力上。客户关心的是整体的从概念到盈利的周期时间和流程，而不是单个步骤，而且局部优化某一个部分几乎总是会对整体优化产生负面影响。

**经验性过程控制**——持续检验并调整产品、过程、行为、组织设计和实践，使其以适合当时环境的方式发展。这样做是需要的，而不是遵循一套所谓的最佳实践，因为这样的实践忽视了具体环境，使后续活动变成了某种仪式，阻碍了学习和变革，压制了人们的参与感和主人翁感。

**排队论**——了解排队系统在研发领域的行为，并将这些洞察应用于管理队列大小、队列数上限、多任务处理，以及可变因素等。

### 2.1.4 两个框架：LeSS和巨型LeSS

大规模 Scrum 有两个框架：

❑ **LeSS**，2 ~ 8 个团队
❑ **巨型 LeSS**，8 个以上团队

LeSS 这个词主要指常规的大规模 Scrum 和小型 LeSS 框架。

**魔术数字 8**

事实上，8 并不是一个神奇的数字，如果一个组织能够成功地在超过 8 个团队中应用小型 LeSS 框架，那太棒了！但我们还没见过……当然这只是一个从经验上观测得到的上限。在某些情况下，比如多地点、缺乏外语经验且目标复杂的团队，团队数确实应该少于 8 个。

不论哪种情况，有时总会出现以下临界点：（1）单独一个产品负责人不再能掌控整个产品的目标；（2）产品负责人无法在外部和内部重点之间做出平衡；（3）产品待办事项列表过于庞大，单独一人难以胜任。

当团体达到这个临界点时，就应该考虑从小型 LeSS 框架转变为巨型 LeSS 框架。另一方面，我们建议最好先变得更好、更小、更简单，然后再变得更大。

**两种框架的共同点**

LeSS 框架和巨型 LeSS 框架有着一些共同的要素：

---

⊖ 这个系统包括每个人以及从客户／用户角度来看的所有事情，包括从需求概念到现金流，以及系统在时间和空间上的所有动态活动。

❑ 一个产品负责人和一个产品待办事项列表

❑ 一个跨所有团队的共同 Sprint

❑ 一个可交付的产品增量

本章的以下两部分将分别解释这两个框架；先是小型 LeSS 框架，接着是巨型 LeSS 框架。

## 2.2　LeSS 框架

### 2.2.1　LeSS 框架概述

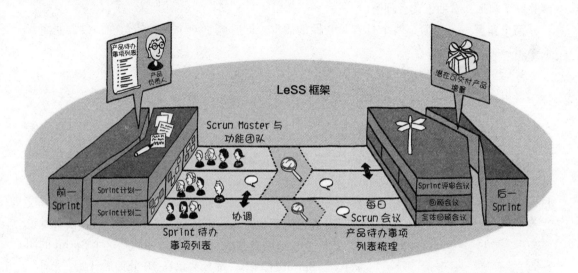

小型 LeSS 框架适用于一个（并且只有一个）产品负责人，该角色负责该产品，并且在共同的 Sprint 中管理团队的一个产品待办事项列表，为整体产品的交付不断优化。LeSS 框架中的元素与单团队 Scrum 大致相同：

**角色**——1 个产品负责人，2 到 8 个团队，每 1 到 3 个团队 1 个 Scrum Master。关键的一点是，这些团队都是**特性团队**——真正的跨功能和跨组件的全面型团队，他们在代码共享的环境中协同工作，每个团队都竭尽全力实现既定的要完成的条目。

**工件**——每个团队都有一个潜在的可交付产品增量、一个产品待办事项列表和一个单独的 Sprint 待办事项列表。

**事件**——整个产品的一个共同 Sprint；共同的 Sprint 针对所有团队，并以完成潜在可交付产品增量结束。细节将在接下来的故事以及单独的章节中进行说明。

**规则和指南**——基于经验性过程控制和整体产品聚焦原则的简单扩展框架所支持的规则。指南可能会很有用。

### 2.2.2 LeSS 故事

**学习 LeSS**——阅读具有深度的论述是诸多学习方法中的一种，喜欢这种学习方式的读者可以跳到介绍巨型 LeSS 框架的那一节，然后再跳到后面的章节。其他喜欢通过故事来学习的人请继续阅读。

**简单的故事**——这些故事并不探究我们在咨询时经历过的大规模开发的复杂性，也不探究从政治到优先级等方面的内容。故事的匣子将会在后面的章节中打开。这里的故事简单明了，旨在介绍 LeSS Sprint 的基本知识。如果读者想看惊心动魄的对话和戏剧，那就读读讨论"精益"的图书。

**规则和指南**——在故事旁边列出了相关的 LeSS 规则和指南，这样就把规则 / 指南和故事关联了起来，有助于读者理解。

**两个角度**——下面是两个具有关联性的故事，同时侧重两个关键的角度，以方便简要地介绍一些流程：

1. LeSS Sprint 过程中团队的工作流。
2. 以客户为中心的功能条目的工作流。

### 2.2.3 LeSS 故事：团队的流动

这个故事关注的是团队在 Sprint 中的工作流，而不是条目的工作流。实际上，Sprint 中的大部分时间是用在开发任务上的，而不是会议上。然而，这个故事强调了会议和互动，其目标是了解多个团队如何在 LeSS 事件中一起工作，以及他们每天都是如何协调的。

> **提示：** 每个 Sprint 轮换一次团队代表。

马克走进交易团队的工作室，一看见米拉⊖，便听她说道："早上好！提醒大家一下，我们团队是这个 Sprint 的团队代表，Sprint 计划第一部分会议在 10 分钟后开始。""对"，马克回道，"大房间见。"

**Sprint 计划一**

到制定共同 Sprint 计划一的时间了。大房间里坐着来自该产品组 5 个团队的 10 名团队代表。他们都参与了一个交易债券和衍生品旗舰产品的开发。交易与利润团队的 Scrum Master 山姆也在场。他的任务是观察并根据具体情况进行指导。

> **规则：** 只有一个产品级 Sprint，并非每个团队都有一个不同的 Sprint。

早些时候，所有团队中的每一个人都参加 Sprint 计划一。当产品组不太善于准备和弄清工作条目，也不善于建立跨团队知识体系时，这种方法比较有用。那时，Sprint 计划一要确定很多重要问题。但是最近这种情况有了很大的改善，于是这个小组开始尝试轮换代表的做法。这种做法使会议变

---

⊖ 为了帮助人物和对应角色的记忆，人名采用头韵的形式，例如米拉（Mira）是团队成员（Member），山姆（Sam）是 Scrum Master，保罗（Paolo）是产品负责人（Product Owner）。

得简单而快速，因为通常只会有几个小问题出现。如果新的方法运行不佳，那么它可能会在一个全体回顾会议上被提出来，并为此在 Sprint 计划中创建一个试验项。

保罗走进来说："大家好！"保罗是产品负责人，也是主要产品经理[⊖]。他在一张桌子上放了 22 张卡片，说道："这里有一些主题，都很重要：德国市场、订单管理和监管报告。我已按我认为的优先顺序排好了序。我想在座的每位都能理解为什么这些是优先事项，因为我们在进行产品待办事项列表梳理时已经讨论了很多次。但如果还不清楚，请再问一次。"

> **规则：** Sprint 计划由两部分组成：Sprint 计划一由所有团队共同制定，而 Sprint 计划二通常由各个团队各自制定。多个团队可以在一个共享空间中为紧密相关的条目一起制定 Sprint 计划二。

米拉和马克一起走到其他代表的桌前，挑选了两张与德国市场债券有关的条目卡片。在过去的两个 Sprint 中，他们的团队在单团队产品待办事项列表梳理（PBR）研讨会上已经仔细地澄清了这些条目。

他们还挑选了两个与订单管理相关的条目，交易团队和利润团队对它们都很清楚。这两个团队曾在多团队 PBR 研讨会中一起讨论过这两个条目。为什么现在又要让他们来做呢？当时团队希望尽可能晚地在未来的 Sprint 计划中作出"团队到条目"的选择。这样可以提高团队的敏捷性——易于应对变化——并且使他们对整体产品的知识越来越广泛，从而进一步促进自组织

> **规则：** Sprint 计划一需要产品负责人和团队或团队代表参加。他们一起试探性地选择每个团队在该 Sprint 中要做的条目。

> **提示：** 由团队选择他们要做的条目。

---

⊖　在产品公司中，产品经理是产品管理或产品营销角色——与团队协作——注重愿景和方向，鼓励创新，分析竞争对手，并发现客户和市场需求及趋势。在内部开发组织中，此角色可能由运营业务组中的主要用户担任。Scrum 和 LeSS 中的产品负责人——产品所有者——通常来自于这些角色，例如担任产品负责人的首席产品经理保罗。有关详细信息，请参阅本书第 8 章。

协调（参见 11.1.4 节）。

一分钟后，来自利润团队的玛丽看了一眼另一个团队的卡片，问他们的代表："你介意我们做这个吗？我们在上一个 Sprint 中做的事情与这个非常相似，我敢打赌我们能很快完成。你愿意换这个德国市场条目吗？"他们同意了。

> 提示：不要预先为团队划分条目。

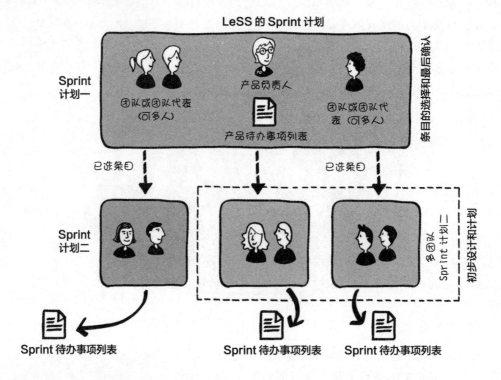

**LeSS 的 Sprint 计划**

几分钟后，团队根据他们的兴趣、优势，以及对相关条目进行分组的愿望来选择和交换工作条目。

山姆（Scrum Master）说："我注意到利润团队有 4 个条目，并且优先级最靠前。会有问题吗？"随后进行了快速讨论，小组意识到，如果利润团队进展不顺利，产品的某一个最优先条目可能会完不成。因此，他们决定把一些具有最高优先级的条目分配给多个团队（根据哪些团队对哪些条目了解得更多），从而保证最重要的条目更可能按时完成（参见 6.1.3 节）。

> 提示：分散高优先级条目。

代表们总共挑选了 18 张卡片，剩下了 4 个优先级最低的条目。保罗查看这几个没有被选的条目卡，并拿起其中两张，说："这两张在这个 Sprint 对我非常重要。也许我应该给它们更高的优先级，但我当时没有这么做，现在我想改变主意。让我们想想办法，把它们与你们已经选择的条目交换一下。当然，如果哪个团队运气好，完成得快，到时他们也可以挑选这些还没有被选上的条目。"

这个问题得到解决后，保罗说道："好吧，让我们花点时间总结一下那些不得不看的问题。大家知道，我一直在集中精力确定优先级，而且大多数人对这些条目的细节了解得比我多，所以让我们看看可以一起做些什么来清理一下不太重要的事情。"

> **规则：团队识别一起协作的机会，并澄清最终的问题。**

与此同时，米拉、马克和其他人还在努力思考最后一些小问题，为他们即将开发的条目做准备，并在房间四周墙上的挂纸上写下一些问题。保罗在房间里走来走去，与不同的人进行讨论。计划会议上人人都有贡献。大约 30 分钟后，所有小问题都已回答完毕。

> **提示：分散便于澄清。**

这一组人站成一个圆圈来总结并结束这次会议。没有人提出任何需要协调的事项，所以山姆最后说道："我看到交易团队、利润团队和非衍生品团队已经得到了一些密切相关的订单管理条目。"米拉说："嘿，那让我们把交易团队、利润团队和非衍生品团队放在一起来作为多团队 Sprint 计划二吧。我们有机会一起工作了。"所有人都没有意见。会议结束。

## 团队和多团队 Sprint 计划二

中间休息了一会儿后，五个团队中有两个团队举行了各自团队 Sprint 计划二的会议，以创建自己的 Sprint 待办事项列表，为自己在该 Sprint 的工作做设计和计划。

> **规则：每个团队都有自己的 Sprint 待办事项列表。**

相比之下，交易团队、利润团队和非衍生品团队聚在一个大房间共同举行两个团队的 Sprint 计划二会议，因为他们将要实现的条目具有强相关性——他们在以前的多团队 PBR 中也一起澄清过这些条目——并且他们预见了密切合作的价值。

> **规则：多个团队可以在一个共享空间中为紧密相关的条目一起制定 Sprint 计划二。**

他们花了 10 分钟一起讨论和确定共同的工作（共同的任务），并找出了设计的问题。然后开始了一个 30 分钟固定时长的设计会议，大家同意采用可视化会议方式：在白板上多画草图。在此期间，还发现有更多的工作可共享，并将其一一写在白板上。

> **提示：全组设计与共享工作会议。**

叮！30 分钟到了，仍有许多细节未被探索到，但是团队希望继续，于是各个团队分散到大房间的不同角落，继续各自的 Sprint 计划二，更进一步地讨论详细设计问题，并创建自己的 Sprint 待办事项列表卡片。进一步协调时采用"叫喊"（just scream）技巧，是 LeSS 中"交谈"（just talk）技巧的一种先进变体（参见 12.1.4 节）。

在谈话过程中，团队意识到需要举办一个深入的多团队设计研讨会，并同意在当天晚些时候举行（参见 13.1.2 节）。

## 多团队设计研讨会

经过前面的 Sprint 计划，并做了短暂的休息之后，交易团队的米拉和马克，以及来自利润团队和非衍生品团队的几个人一起举办了一个时间箱式的为期一小时的多团队设计研讨会，更深入地探讨了大家都存在的一些常见设计问题，这样可以确保他们的开发工作能够更顺利地进行。大家站在一个大型白板周围，一起勾画和讨论设计方法和常见的技术任务，使其变得更为清晰和一致。幸运的是，讨论的结果并没有严重影响他们现有的 Sprint 计划，不过他们对项目的流程感到不太满意，因为他们意识到，他们早该预测到这些大的设计问题需要尽早解决的必要性。

## 需要协调和不断交付的开发活动

在 Sprint 计划完成之后，团队开始开发已确定的条目，团队强调通过代码进行交流（参见 13.1.4 节）。所有团队都在不断地集成代码。在对所有团队的所有代码进行持续集成的过程中，通过检查其他人在开发组件中的变更来为各团队创造合作的机会（参见 13.1.5 节）。这是很有用的一件事，因为小组能够通过代码集成的方式通知和支持与其他团队或其他人员的协调。

例如，在 Sprint 的第二天一早，交易团队的开发人员马克就可以在本地提取最新版本，并快速检查与他们正在开发的组件相关的最新变更。他发现利润团队的马克西米兰添加了一些新代码，但他知道马克西米兰所在的团队正在开发与自己密切相关的条目，所以并没有感到惊讶。代码中有信息表明需要尽快协调，并给出了需要交谈的人的名字，于是他立即走到大厅那边的利润团队跟前，与他们交谈如何共同努力来从彼此的工作中获益。

**规则：** 建议非集中式和非正式的协调而不是集中式协调。

不光对交易团队的条目，实际上对每个团队中的每个条目，他们在开始开发解决方案代码之前都编写了自动验收测试用例。因此，除了持续集成代码之外，他们还集成自动化测试用例。这些验收测试会由团队成员频繁运行，因此当其中任何一个失败时，团队就会立即被通知去协调。代码会告诉他们，"嘿！出问题了！你需要讲讲是什么问题，并把它解决掉"。

**规则：** 完美的目标是通过改进"完成"的定义，在每个 Sprint 中（或者更频繁地）产出可交付的产品。

当然，团队的持续集成、自动化测试以及构建中断时的停止和修复还带来另外一个主要好处，那就是，他们的产品或多或少地持续保持着一种立即可以进入生产环境的状态。可以看到，并不需要单独设立集成团队或测试团队，因为那样做的话反而会产生延迟，增加切换开销和过程的复杂性。

## 全 体 回 顾

在该 Sprint 的第二天，山姆和其他 Scrum Master、产品负责人保罗、部门经理以及大多数团队的代表聚在一起，对上一个 Sprint 进行了一次时间上线设为 90 分钟的全体回顾会议。

为什么他们不在新 Sprint 开始之前举行上一个 Sprint 全面回顾会议呢？本来是可以的，但 Sprint 通常在周五结束，新的 Sprint 在周一开始（山姆的建议则是 Sprint 结束和开始的边界为周三和周四）。并且在上周五，他们举行了 Sprint 评审和团队级回顾两个会议，若要在那天结束时再举行一次全体回顾会议，人们恐怕就没有精力了。所以他们选择在下一个 Sprint 开始时举行全体回顾会议。山姆个人对这种拖后的做法持不同意见——他宁愿 Sprint 计划晚些开始，也应把它放在全体回顾会议之后——但他希望大家都能慢慢认识到这一点。

> **规则**：在团队各自回顾之后举行一次全体回顾，以讨论跨团队和全系统范围内的问题，并建立起改进试验。出席会议的人应包括产品负责人、Scrum Master、团队代表和经理（如果有这样的角色）。

他们在关注一个全系统范围的问题，即整个小组内如何在 Sprint 阶段开展协调、共享信息和解决问题？应该如何对此进行改进？以前他们尝试过 Scrum of Scrum 会议，但发现这种会议不是非常有效。山姆介绍了开放空间的技巧，大家同意在这次 Sprint 中做一次尝试（参见 14.1.5 节）。

## 协 调 活 动

第四天出现了 LeSS 中的各种协调想法。

和常规的 Scrum 方法一样，在 LeSS 中，每个团队每天都有一个 Scrum 会议。为了支持交易团队和利润团队之间的协调，米拉作为一名侦察员来观察利润团队的日常 Scrum，然后把她所学的知识带回到自己的团队。反过来，来自利润团队的某个成员也做同样的事情（参见 14.1.3 节）。

> **规则**：如何进行跨团队协调由团队们来决定。

正如在全体回顾中所商定的，小组需要举行一次 45 分钟的开放空间会议，以进行协调和学习，之后便进入饮料和零食时间。山姆作为开发空间会议主持人在会中指导小组如何举行开放空间会议。会议欢迎每个人参加，但大多数团队只会派出几名代表。来自交易团队的米拉和马克加入了会议，会议决定小组可以尝试每周举行一次开放空间会议（参见 13.1.11 节）。

来自多个团队的测试社区志愿者聚集在一起，用了半个小时的时间来听取玛丽关于试用一个新自动化验收测试工具的建议。大家对这个建议表示赞同，于是玛丽主动让她的利润团队在下一 Sprint 中来做实际的试验工作，他们对这一技术兴趣盎然（参见 13.1.6 节）。

米拉是设计 / 架构社区成员之一。在这个 Sprint 中没有针对整体架构的设计研讨会，但她希望在下一个 Sprint 中能保留半天的刺探（Spike）时间，专门讨论一些新技术。

> **提示**：建立架构社区。

---

　　㊀　Spike 是敏捷方法中的一种对某个主题进行深入讨论的实践。——译者注

她将自己的想法发布在社区协作工具上，并建议采用 Mob 编程方式<sup>⊖</sup>一起进行讨论，以便大家相互分享和共同学习。

> **提示：** 出现问题时停下来，去修复。

> **提示：** 专家指导其他成员。

> **规则：** 优先级的澄清工作应尽可能直接在团队、客户 / 用户和其他利益相关者之间进行。

> **提示：** 尽早反馈。

构建系统报告了一个奇怪的错误。该停止与修复了！这个 Sprint 由交易团队易负责，这个错误发生的地方正好是马克的次级专长之一，所以他自愿修复它，并要求另一个团队成员与他配对，这样也帮助了该同事学习更多有关知识。

随后，米拉和其他一些团队成员走访了客户支持和培训组，这两个小组与实际用户合作密切。团队的第一个条目已经完成了，他们希望能从接近客户的这些人中尽早得到反馈。其中一个培训人员正好有空，而且他在玩这个条目对应的新功能，在使用过程中他产生了几个新的想法，并反馈给了交易团队，留给他们对该功能做进一步的改进。

当天晚些时候，马克和其他团队成员开始开发第二个条目中的任务。马克刚刚完成 10 分钟的 TDD，并且在做了微小的变更后得到了一段干净稳定的代码（参见 13.1.4 节）。他再次（大约每 10 分钟）将微小的变更推送到中央共享存储库（repository）中，以便与他的团队和所有其他人持续集成（参见 13.1.5 节）。他看了看墙上的红绿大屏幕，发现构建系统已通过了整个团队的所有测试。

## 总体产品待办事项列表（PBR）梳理

第五天，马克和米拉参加了一个全体 PBR 研讨会，与会者还有来自每个团队的代表，以及产品负责人保罗。保罗首先给大家分享了他目前对产品方向和下一步要做什么的想法，以及最重要的一点，即支持他这些想法的原因。为了帮助大家理解其推理内容，他与小组一起回顾了他的优先级模型，以及其中的利润影响、客户影响、业务风险、技术风险、延迟成本等因素（参见 8.1.5 节）。

> **规则：** 要进行多团队或总体 PBR 工作，以提高团队成员对待办事项列表理解的一致性，并在条目密切相关或者需要更广泛的输入 / 学习时，发现并利用各种协调机会。

> **提示：** 团队代表每个 Sprint 轮换一次。

为了指导小组下一步的工作，保罗向大家征求反馈意见和想法，接着，小组讨论了下一步需要梳理的条目。虽然保罗知道自己最后会给条目定出优先顺序，但他还是努力让团队先了解他的想法，同时他也可以学习团队成员的想法。他希望团队也能像自己一样拥有产品主人的感觉

---

⊖ Mob 编程是一种新的软件开发方式：整个团队在同一时间、同一空间、同一台电脑上做同一件事情。——译者注

（参见 8.1.8 节）。

　　然后，小组拆分了几个新的大型条目，做了一些轻量级澄清讨论（更多澄清工作会在稍后进行），用计划扑克进行了评估，以此了解这些条目的更多信息，所以这不仅仅是为了评估（参见 11.1.7 节和 11.1.8 节）。

> **提示**：产品负责人鼓励团队对产品负责。

　　来自三个团队（其中包括贸易团队和利润团队）的代表后来决定对一些条目一起进行一次多团队 PBR，增加他们对这些条目的共同理解，因为这些条目具有很强的相关性。来自另外两个团队的代表在团队 PBR 会议中分别选择了各自要处理的条目。

### 多团队 PBR 与团队 PBR

　　第六天，这三个团队的所有成员聚在一个大房间内开始做多团队 PBR。

　　虽然他们的主要业务是创建和销售交易解决方案，但该公司拥有一小部分债券交易员在使用该解决方案，公司仅仅是为了保持他们自己有人参与，所以头寸相对较小，风险不高。通过这种方式，公司可以更好地了解市场趋势，同时可以保留一些专家用户以便随时且轻松地与开发团队交谈。

　　坦尼娅和泰德是参与交易的人员，他们告诉保罗其发现了一个趋势性变化，于是在多团队 PBR 会议上对与该趋势相关的条目进行了进一步的提炼，他们俩作为专家被邀请参加会议，以帮助团队学习和澄清新的条目。

> **规则**：所有优先级顺序都由产品负责人确定，但优先级的澄清工作应尽可能直接在团队、客户/用户和其他利益相关者之间进行。

　　另外两个团队与其他一些交易人员讨论后，举办了单独的 PBR 研讨会，以完成对一些已在梳理的条目的澄清工作，并开始处理一些新条目。此外，该公司三名专门从事金融监管和合规工作的律师之一加入了其中一个团队，帮助他们澄清相关的问题。

> **提示**：把条目细节放在 wiki 上。

　　作为 PBR 会议的最后一步，人们对墙上和白板上的所有东西都进行了拍照。他们将照片添加到 wiki 页面中，用于记录与每个条目有关的所有内容。此外，他们还对讨论期间快速添加的 wiki 页面中的文本和表进行了更新和清理（参见 9.1.6 节）。

### 关于团队级待办事项列表和产品负责人职责的讨论

　　多团队 PBR 研讨会结束后，迈克（刚加入公司）看到山姆坐在咖啡机旁，走过去说道："嘿，山姆。你对有些事情的意见我很感兴趣。在我们刚刚结束的梳理研讨会上，我注意到我们是直接与一些交易人员一起澄清问题。但这不是效率很低吗？我在上一家公司工作时，他们每个团队都有自己的产品负责人，产品负责人编写故事、画框架图，解释需求说明，然后交给我们实施。这样我们只需要专注在编程上。并且每个团队都有自己的产品待办事项列表，团队的产品负责人会优先考虑这些待办事项列表。但我在这里看到的不一样，为什么呢?"

山姆说:"这是个有趣的问题。介意我问你几个问题来探讨一下吗?"

"当然可以,说吧。"

"让我们首先考虑一个产品待办事项列表与多个团队级待办事项列表。假设每个团队都有自己的待办事项列表工作,一个真正的整体产品负责人如何能够简单而有效地看到全局情况?一个团队对其他不同团队的待办事项列表条目的需求和设计能了解多少?"

迈克回答说:"根据我上一个公司的经验,可以很清楚地给出答案:不多。"

山姆继续说:"现在假设有 8 个团队和 8 个团队待办事项列表。如果从公司高层或整体产品角度来看,由于某种原因,8 个团队的 2 个待办事项列表中的条目变成了最重要或优先级最高的条目,这时该怎么办呢?出现这种情况也许是由于市场发生了变化。因此,你需要回答一些问题:在低优先级待办事项列表中工作的 6 个团队能否轻松地转移到其他两个待办事项列表中的高优先级条目上呢?而且,考虑到每个团队都有自己的待办事项列表工作和自己的优先级事项,小组能注意到这个问题吗?"

迈克回答说:"我以前公司的团队只处理他们自己的团队待办事项列表条目,不能转移给其他人。但是咱们团队为什么要这样做呢?这不是效率很低吗?"

山姆回答说:"从公司的角度来看,团队是一个只在低优先级事项上'高效'工作的群体,这是因为他们各自专注于不同的团队待办事项列表工作,故而会产生知识上的狭隘性,也因为总体优先级和项目总体情况对他们不可见。让我来问你几个问题:这看起来不灵活还是像敏捷一样灵活?从公司的角度来看,这样做能否起到优化作用,让人们只处理影响最大的事情呢?"

迈克停顿了一下:"哦!我想我明白了。尽管我们的团队说自己在做敏捷,但这实际上不敏捷。总体而言,我们对最高价值的变化没有足够快的响应。我以前的团队产品负责人说,她总是优先考虑我们团队待办事项列表的最高价值事项。但现在发觉,当从更高的层次来看时,团队正在忙着高效处理的可能是低价值的东西。"

> **规则:** 一个完整的可交付产品只对应一个产品负责人和一个产品待办事项列表。

山姆说:"没错。这就是我们只有一个产品待办事项列表,而很多团队没有团队待办事项列表的原因之一。简而言之,产品待办事项列表支持整体产品聚焦、系统优化和敏捷性。当然,这样就能很简单,也很容易地看到整个团队的情况。"

"而且,"迈克评论道,"我注意到在我之前的公司里,所有的团队很难同时协作,因为在异步的 Sprint 中各自的工作目标非常不同。而在这里,可以感觉到所有团队在一次 Sprint 中有着更多的共同焦点和方向。"

"没错!"山姆回答,然后继续说道。

"还有另外一个问题:如果只有一个产品待办事项列表和一个产品负责人,但每个团队仍然有自己所谓的产品负责人，根据定义，他们不会对团队待办事项列表进行优先级排序，那么这些团队级产品负责人整天都在做什么呢？"

迈克回答说："在我的上一家公司，团队级产品负责人的工作是与用户交谈并为团队编写故事，这样团队级产品负责人一边收集和编写需求，团队一边专注而高效地编程。"

> **规则：** 产品负责人不应独自处理产品待办事项列表梳理工作，而应鼓励多个团队与客户/用户及其他利益相关者直接合作，并从中获得支持。

山姆问："迈克，在你了解 Scrum 术语（如'产品负责人'）之前，你会把开发人员和真正的客户之间的中间人称作什么？他们收集需求，然后将其提供给开发人员？"

"我加入上一家公司时，公司还没有采用 Scrum。"迈克回答道，"那时候，有一群业务分析师，由他们承担这样的角色。在采用 Scrum 之后，这些人成为产品负责人。""在你们今天的 PBR 研讨会上"山姆问，"你和在场的交易员谈过吗？"

> **规则：** 所有优先级顺序都由产品负责人确定，但优先级的澄清工作应尽可能直接在团队、客户/用户和其他利益相关者之间进行。

"让我想想。"迈克回答："是的，我和坦尼娅讨论过她分析俄罗斯公司债券交易的想法。这看起来有点混乱，所以我问她为什么，她解释说，这是因为对海外账户洗钱有所担忧。其实，她不知道我们组最近正在研究一些其他的功能，这些功能可以与欧盟和美国新的监管数据库相结合来评估上面所担忧的问题。因此，我向她建议了一种不同的方法，我认为——她也同意——这种方法能更好地解决这个问题。"

"现在我认为，"他深思着，接着说道，"在我的上一家公司可能不会发生这样的事情，因为我们很少直接与用户交谈。"

## 持 续 开 发

一天接着一天，团队开发代码，并结合全面的测试自动化不断地持续集成。当构建中断时，停止并修复，他们正在努力实现团队的完美目标，即拥有一个可以持续交付给客户的产品。照此发展，当 Sprint 即将结束并且团队准备开始 Sprint 评审时，不会出现开发后期匆忙和疯狂地集成和测试大批代码的现象，因为代码一直都在集成和测试。

## Sprint 评审

终于来到了最后一天，也是最后一次全体人员参加 Sprint 评审的时间。都有谁参加这个会议呢？保罗（产品负责人、主要产品经理）、所有的国际债券交易员、几名培训员和客户服务代表、几名销售人员，以及客户方的 4 名用户。客户支付较低的年费率，以便为他们的用户换取定期参加这些评审的机会。除此之外，还有所有的团队成员。

> **规则：** 有一个产品级 Sprint 评审，是所有团队共同的。

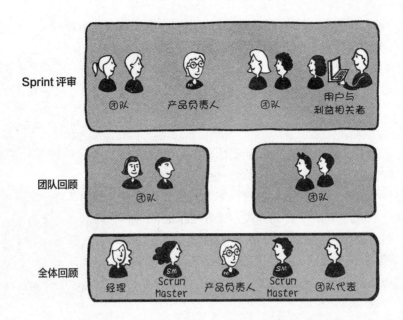

因为有很多条目需要审查，所以团队先举行了一个一小时的评审活动，就像科学博览会一样，房间里摆有很多设备，每个设备都可帮助人们探索不同的条目（参见 14.1.3 节）。一些团队成员留在固定的区域收集反馈，而其他人员则在使用和讨论新功能。

一小时后，保罗召集大家在一起，共同讨论问题并提供反馈。之后，又讨论了未来的发展方向。保罗分享了市场和竞争对手的情况，以及他对下一步行动的想法，并征求大家的意见。

提示：讨论下一步 Sprint 的方向。

### 团队回顾会

休息了一会儿后，交易团队（和所有其他团队）进行了单独的团队级 Sprint 回顾。他们认为，这一次，把多团队设计研讨会放在 Sprint 计划之后（而不是更早）举办不太理想，因为一些重大问题直到最后一刻才被发现，而这些问题可能会严重阻碍开发或使开发变得复杂。因此，在下一个 Sprint 中，他们决定在 PBR 会议期间将尽最大努力识别出那些可能存在重大设计问题并需要与其他团队讨论的条目。并且如果是这样，就要尽快举办多团队设计研讨会。

> **规则：** 每个团队都有自己的 Sprint 回顾。

### 结　　束

Sprint 完成！山姆邀请交易团队与米拉和他一起到街对面的比利时啤酒酒吧庆祝米拉的生日。

### 总结

故事中的一些要点如下：

- ❏ 它强调了 LeSS 中人员和团队在 Sprint 中的流动。
- ❏ 它将故事中的元素与特定的 LeSS 规则联系了起来。
- ❏ 对于已了解 Scrum 的读者来说，故事中发生的事件应该是很熟悉的。
- ❏ 这个故事展示了整体产品聚焦的思想，即使有很多团队参与开发也是如此。
- ❏ 多项活动强调了基于团队的学习和协调。
- ❏ 通过持续集成来开发项目，有了这一点，就可以通过代码交流来支持分散式协调和谈话式的交流，进而支持持续交付。
- ❏ 团队直接与用户和客户进行交互以澄清需求，从而减少切换开销，增进相互理解、同理心和所有权。

## 2.2.4　LeSS 故事：功能条目的流动

这个故事更多地关注在梳理和开发期间功能条目在 Sprint 局部的流动。

与政府监管机构人员的会面结束后，波西亚立即赶往机场，奔赴在回家的路上。她是另一个产品的产品经理；她帮助保罗专门研究监管和审计事宜[〇]。

办公室里，波西亚见到了保罗。她拿出五张卡片，卡片写的是她总结的一些将会对产品产生影响的新规则，以及她认为客户首先需要的一些功能。保罗指着卡片问道："就你所知，这涵盖了所有的工作，对吗？"波西亚微笑着说："这是监管内容。它从来没有结束的时候。"

---

〇　除了首席产品经理——通常担任产品负责人——之外，许多大型团队还会有多个产品支持经理，每个人都专门负责一个主要的细分市场或客户领域。

保罗问："你能不能把这些放在我的产品待办事项列表中，暂时放在最下面，先不排序？"（参见 8.1.7 节）

"没问题。"

一周后，保罗告诉波西亚："我想尽快给大家介绍债券衍生品的一些重要监管要求。在下一个 Sprint 的产品待办事项列表梳理研讨会中，我会要求一些团队来关注一下这些监管事项（参见 9.1.6 节）。你最了解它，所以请你参加整体 PBR。至于其他任何团队梳理研讨会，如果他们希望你参加的话，请你也参加。此外，

> 提示：大量产品待办事项列表的电子表格和 wiki。

你能否设置一个 wiki 页面，放置一些指向新监管文档的链接，共享给团队？"

"已经做完了"，波西亚回答道。

## 总体 PBR

保罗启动了一个简短的总体 PBR 研讨会："关于新法规，我们有很多工作要做。我们很快就需要交付相关的条目，因为法定的最后期限是财政年度结束。经过初步的条目划分和评估，我们便会心中有数了，但如果最终需要三个或更多的团队来实施，而且要花较长的时间来完成，我也不会感到惊讶。"（参见 11.1.2 节）

小组把这个巨型新条目拆分成几大部分，开始学习其中的主要内容。更多拆分稍后会在单团队或多团队 PBR 会议中进行。波西亚走到白板前，在白板左边写道"债券衍生品的规定"。然后开始与小组交谈，他们一边交谈，一边绘制一个树形图，用四个树枝表示四个主要子条目。但是他们没有深入研究——避免过度分析（参见 11.1.8 节）。

接下来，小组为新条目创建了四张卡片，每个人都使用计划扑克（planning poker）和相对大小点数对其进行估算，并把产品待办事项列表中已有的知名条目的点数作为基准。这里主要目标不是要估出点数，而是要让问题浮出水面，以推动更多的讨论，这件事是由他们与波西亚一起来做的（参见 8.1.7 节）。

接下来，保罗问："波西亚，这四个大条目中，哪个优先级最高？"

她指着第二张卡片，"场外交易的外来债券衍生品。"

保罗说："有个功能我们需要尽快完成和交付。产品待办事项列表因为这个功能正在变长。所以我想让一个团队在下一个 Sprint 开始时开发这个功能。哪个团队有兴趣？"

交易团队自愿接受了这个任务。

最后，来自其他三个团队的成员决定为相关条目举办一次多团队 PBR 研讨会。

### 团队 PBR：大型条目的切分

第二天交易团队与波西亚一起举办了团队 PBR 研讨会。四个巨大条目，他们承担了其中一个：场外交易（OTC）的外来债券衍生品的新规定。山姆（他们的 Scrum Master）也在那里。波西亚说："这是一个巨大且复杂的条目，坦率地说，没有人真正了解这个领域。我们需要花较长的时间才能把它分解开，真正理解它，并做出需求说明。"

山姆问："我们真的需要了解所有的东西吗？分析能让我们多学些东西，还是会拖延我们的学习？"

山姆和大家一起回顾了"切分出小功能块"的想法：从一个条目中分割出一个小功能块，然后真正理解并快速实现它。山姆总结道："大家知道，图表和文档不是代码，图表不会崩溃，文档也不会运行。"（参见 9.1.3 节）

在波西亚的帮助下，团队从一个以客户为中心的瘦"端到端"条目中分出了一个细小的功能块。

从现在起，他们开始把注意力集中在这一小功能块上，理清并实现它。只有在实现和得到反馈之后，他们才会在晚些时候回过头来更进一步地分割和细化。通过实例化需求⊖，波西亚和交易团队在当天余下的时间里一直都在处理自己的这一块功能。

> 提示：参考《实例化需求》。

### 多团队 PBR：轮换梳理

整体 PBR 的一个结果是决定让交易团队实现切分出的小功能块。另一项决定是由三个团队为相关条目举办一次多团队 PBR 研讨会（如图 2-1 所示），以提高多个团队一起学习和思考相同条目的敏捷性（参见 11.1.5 节）。

除了来自这三个团队的所有成员，内部交易员坦尼娅、泰德和特拉维斯也加入进来，帮助团队澄清大约有一打的新条目。

首先，他们与每个团队的成员组成三个临时混合小组。接着，混合小组在房间的不同区域开始清理不同的条目，每个区域都配有白板、大墙空间、笔记本电脑和投影仪。坦尼娅、泰德和特拉维斯分别在第一组、第二组和第三组。

然后他们开始轮换梳理：30 分钟后，计时器到点！一个小组走到另一个组所在的区域，

---

⊖ 读者若有兴趣，可以通过《实例化需求》（specification by example）了解更多有关内容。——译者注

反之亦然，但坦尼娅、泰德和特拉维斯保持不动。计时器重新启动，交易员们向轮换进来的团队解释最新的情况，接着大家继续清理。

图 2-1　多团队 PBR

在一整天的时间里，随着不同的条目变得越来越清晰——或者留下悬而未决、不得不在以后进行探讨的问题——新条目被不断地引入到工作区域中。一些较大的条目被分成了两个或三个新的较小的条目。

小组会在一天中停止几次澄清工作，而做一些估算，主要是为了学习和促进交流。他们使用相对（故事）点的方法来做估算；为了保持与公共基线的同步，他们根据产品待办事项列表中的一些已经完成并且众所周知的条目来对相对点进行校准（参见 11.1.8 节）。

### 更新产品待办事项列表，向产品负责人汇报最新进展

PBR 研讨会后的第一天，波西亚和几个团队成员（参见 8.1.7 节和 9.1.4 节）：

❑ 使用从原始条目中新拆分出的条目来更新产品待办事项列表，并删除原始条目。

❑ 创建新的 wiki 页面，在其中添加链接，指向 PBR 研讨会中创建的条目的详细内容。

❑ 记录新的估算值，准备要实现的条目。

随后，波西亚和这些团队成员与保罗会面，审查产品待办事项列表的变化，并回答保罗提出的一些问题。

### 结　　束

故事中的一些要点：

❑ 从巨大条目上切分出小功能块，从交付小功能块中学习，避免过早和过度的分析。

❑ 为了条目，以及团队间的知识共享，执行多团队 PBR，这可以提高组织的敏捷性，

拓宽整个产品知识，并促进自组织协调。

❑ 即使与许多团队一起合作，也要努力践行整体产品聚焦的思想。

**下一步**——下一节将描述适用于由许多团队组成的大型团体的巨型 LeSS 框架。

## 2.3　巨型 LeSS 框架

### 2.3.1　需求领域

不论是有 1000 人的产品开发，还是只有 100 人的产品开发，由于大量需求的复杂性以及人员的复杂性，分而治之似乎是不可避免的。传统的大规模开发按如下方式划分：

❑ 单一职能组（分析组、测试组，……）

❑ 体系结构层面的组件组（UI 层组、服务器端组、数据访问组件组，……）

这种组织设计使开发变得缓慢而不灵活，表现为高水平的浪费（库存、在制品、交接、信息传播，……），长延迟的 ROI，复杂的规划和协调，更多的间接费用管理，以及弱反馈和弱学习。这种组织方式是向内围绕单一技能、体系结构和管理模式设计的，而不是向外围绕客户价值设计的。

但是，在巨型 LeSS 框架中，当超过大约 8 个团队时，组织划分需要围绕客户关注的主要领域（即**需求领域**）来进行。这反映了 LeSS 以客户为中心的原则。

**规模**——需求领域很大，参与的团队通常有 4 到 8 个，而不只是 1 个或 2 个。后面的2.3.3 节将解释其原因。

**动态性**——需求领域是动态的。随着时间的推移，一个领域的重要性会发生变化，然后随着团队加入或离开一个领域（主要是现存领域），该领域会增长或缩小。

**示例**——例如，在证券产品（股票交易）中，以下可能是客户感兴趣的一些主要需求领域：

❑ 交易处理（从定价到捕捉，再到结算）

❑ 资产服务（例如处理股票分割、股息）

❑ 新市场启动（例如尼日利亚）

概念上是在一个产品待办事项列表中添加一个需求领域属性，然后把每个条目归类到一个且仅一个需求领域：

| 条目 | 需求领域 |
|---|---|
| B | 市场启动 |
| C | 交易处理 |
| D | 资产服务 |
| F | 市场启动 |
| … | … |

然后，人们可以关注一个**领域产品待办事项列表**（概念上是一个产品待办事项列表的视图），例如市场启动领域：

| 条目 | 需求领域 |
|:---:|:---:|
| B | 市场启动 |
| F | 市场启动 |

**共同 Sprint**——是否每个需求领域都在各自的 Sprint 中单独工作，并且延迟到很晚的时候做集成？不是这样。

---

### 巨型 LeSS 要求在共同的 Sprint 中持续集成

只存在一个产品级 Sprint，而不是每个需求领域存在不同的 Sprint。在每个 Sprint 结束时都会形成一个集成的整体产品，并且来自所有需求领域的所有团队都在努力执行整个产品的持续集成。

---

## 2.3.2　领域产品负责人

在巨型 LeSS 中引入了一个新角色。每个需求领域都有一个**领域产品负责人**，专门负责该领域的产品待办事项列表工作。

大型产品组通常有几个专门负责不同客户领域的产品支持经理，其中一些人可以担任领域产品负责人。有时，总体产品负责人还可以兼任某一个领域的领域产品负责人；这种情况更有可能发生在不太巨大的巨型 LeSS 组织中！

## 2.3.3　领域特性团队

**领域特性团队**在一个需求领域（例如资产服务）内工作，一个领域产品负责人专注于一个领域产品待办事项列表中的条目。从团队的角度来看，在一个领域中工作就像在一个小型 LeSS 框架中工作一样——他们与领域产品负责人积极互动，就像她是总体产品负责人一样，依此类推。

团队成员对该客户领域非常了解。并且幸运的是，一个需求领域的条目在整个代码库中对应的子集往往几乎可以推测到，这样就能缩小团队成员在庞大的产品中必须学习的范围。

关于规模大小有一个关键点：一个需求领域一定有许多特性团队在其上工作。

---

一个需求领域通常有 4 到 8 个团队。这意味着需求领域总是很大的。

**魔术数字 4**

　　首先，为什么一个需求领域建议的上限是 8 个团队呢？请参见"魔术数字 8"这一小节。

　　建议下限为 4 个团队，而不是 1 个或 2 个团队，这又是为什么呢？当然，4 不是一个神奇数，但它确实可以实现一个均衡，因此产品组不必包括许多个过于微小的需求领域。

　　那么，包括许多个过于微小的领域会有什么问题呢？它们会降低对总体产品级别优先级的可见性，增强局部优化，增加协调复杂性，需要更多的职位来填充，并且创建过于专门化的团队，该团队缺乏灵活性（敏捷性），无法从公司的角度处理新出现的最高价值条目。此外，当领域很小时，领域产品负责人在用户和一两个团队之间充当业务分析师角色的可能性就会增加。

　　下限 4 是否可以有合理的例外呢？是的：

- 在 LeSS 转型早期，团体正在逐步扩大一个新的领域，预计最终将需要 4 个或 4 个以上的团队。这时，可以从一个小而简单的团队开始。
- 当一个需求领域的需求不断减少，而另一个需求领域的需求不断增加时，为了重新平衡团队，一个领域会从 4 个团队变为 3 个团队。最终，将两个缩小的小领域合并为一个新的较大领域。

**需求领域和团队示例**

　　总结起来证券产品可以具有：

- 1 个产品负责人和 3 个领域产品负责人，一起构成产品负责人团队
- 6 个交易处理领域特性团队
- 4 个市场启动领域特性团队
- 4 个资产服务领域特性团队

## 2.3.4　巨型 LeSS 框架概要

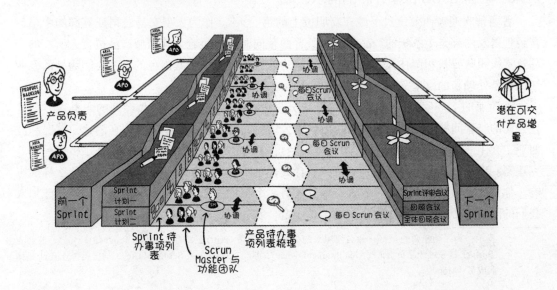

每个需求领域就是一个（小型框架）LeSS 实现，各个需求领域按照共同 Sprint 并行工作。我们有时将巨型 Less 中的 Sprint 总结为一堆 Less。

> 从领域团队的角度，巨型 LeSS 看起来就像与事件相关的（小型）LeSS。

与 LeSS 一样，巨型 LeSS 同样有规则和可选的指南；这些内容将在下面的故事中加以介绍，并在后面的章节中进行详述。

**角色**——与 LeSS 相同，再加上两个或多个领域产品负责人，以及每个需求领域中的 4 到 8 个团队。产品负责人（专注于整体产品优化）和多个领域产品负责人组成了产品负责人团队。

**工件**——与 LeSS 相同，再加上一个产品待办事项列表中的需求领域属性，因此每个领域都有一个领域产品待办事项列表视图。

**事件**——仍然只存在一个产品级共同的 Sprint；它包括在共同 Sprint 上工作的所有团队，它结束于一个共同的潜在可交付产品增量。

## 2.3.5 巨型 LeSS 故事

**学习巨型 LeSS**——喜欢正式讲解的读者可以绕过这些故事自由地跳到后面的章节。

**简单的故事**——这些都是有意简化的故事，目的只是为了介绍巨型 LeSS 的基础知识。

**两个主题**——以下是两个主题不同的故事：

1. 全新且巨大的需求，创建和扩展新的需求领域。

2. 与多地点团队合作。（这种情况也发生在小型 LeSS 框架中，但在巨型 LeSS 框架中尤其常见。）

## 2.3.6 巨型 LeSS 故事：新的需求领域

普丽蒂欢迎波西亚度过了她在新职位上的第一天[⊖]。作为大型交易公司证券部的中层运营经理以及内部证券系统的产品负责人，普丽蒂同时还肩负着为其领域产品负责人所在的产品负责人团队寻找和留住人才的重任。她认为波西亚是一个极其出色的人才，因为她的专业知识正是处理新的巨型需求所需要的（参见 8.2.2 节）。

波西亚的上一家公司是债券交易系统开发公司，她当时担任产品经理的职务，专门处理公司的监管问题。在波西亚面试目前这家公司时，普丽蒂说明了公司现在的这一情况："波西亚，在上一次金融危机之后，监管机构变得越来越严厉，他们要求我们遵守多德-弗兰克法案。现在，大家不知道这到底意味着什么，也不知道它对我们的系统会产生什么样的影响。你对这个领域的了解非常深入，而且还有一个很棒的监管人员专业网络。如果你能加入我们的团队，帮助我们解决这个问题，我一定会欣喜若狂的。"

---

⊖ 提示：为了便于角色记忆，命名使用头韵方式。普丽蒂 (Priti) 是产品负责人（Product Owner），波西亚 (Portia) 是领域产品负责人（Area Product Owner），苏珊（Susan）是 Scrum Master，马里奥（Mario）是团队成员（Member）。

## 突 然 袭 击

几天后……波西亚、彼得和苏珊走进了普丽蒂的办公室。彼得是市场启动领域产品负责人，苏珊是交易处理领域的 Scrum Master。

普丽蒂非常欢迎大家的到来，接着立即把话题转到正题，说道："你们大家知道，多德 – 弗兰克法案真的要来了，而且来势凶猛。但你们还不知道，就在今天早上监管机构打来了电话，希望我们现在就开始行动。我一直以为我们可以明年才会开始，所以，我们现在就必须行动了，是关键时刻啊。"

"我认为没有人清楚这个要求的详细含义，甚至连监管者也不清楚。我们不知道它对我们的系统会产生怎样的影响，也不知道工作量有多大，当然一定会很大！不过现在波西亚加入了我们的团队，她比任何人都了解这一点，尽管她对我们的系统还是完全陌生的。那么，我们该如何帮助她开始处理这堆积如山的工作呢？"

苏珊问："你们了解诵读困难症僵尸（Dyslexic Zombies）团队，对吧？"

彼得和普丽蒂点了点头。所有人都知道——不仅仅是他们的名字。诵读困难症僵尸团队<sup>⊖</sup>可能是所有团队中拥有最广泛经验的团队。他们已经存在多年了，当他们采用 LeSS 时，他们真的是痛苦煎熬。该团队中的两个成员来自现在已被遗弃的架构小组，还有几个成员已经在那个系统工作超过 15 年了。这些人对采用 LeSS 非常抵制，因为他们担心会失去自己的"系统观点"。出乎他们意料的是，事情发生了反转！因为他们知识丰富，功力深厚，所以能够不断得到挑战性的开发任务。他们还经常作为专家讲师参加为新人举办的最新架构学习研讨会，而马里奥——前 PowerPoint 架构师之一——现在担任架构社区的协调员。这个人只有在啤酒喝到一定程度时，才会承认密切参与代码和测试工作增加了他对系统的真正理解。

苏珊继续说："如果说有一个团队能快速帮助波西亚更好地了解多德 – 弗兰克法案的规模和影响，那就是僵尸团队。几年前他们领导了萨班斯 – 奥克斯利法案的研究。明天他们要举办 PBR 会议，为一个新功能收尾。我们为什么不在这个会议上，引导他们参加多德 – 弗兰克法案的讨论，并让他们在不久以后就集中精力把全部时间放在这件事情上呢？"

---

⊖　是的，这是他们在里斯本使用的真实名字。

## 与僵尸团队一起梳理条目

第二天，在与僵尸团队一起参加的梳理会议上，波西亚解释了情况，"大家可能都听过多德－弗兰克法案。但很令人吃惊：监管机构刚刚通知我们，希望我们'立即'采取行动，并在今年年底前明显达到合规要求。否则他们就有可能限制我们的交易。"

听到这个消息后，僵尸团队成员显然很惊讶。他们听到过一些传言，但没想到会这么匆忙！

马里奥说："好吧，波西亚，给我们简短地总结一下，这意味着什么，多德－弗兰克法案和萨班斯－奥克斯利法案有什么不同？"

波西亚拿起笔，在白板上画了大约 45 分钟后，完成了一个概况图，僵尸团队成员看着，并有点目瞪口呆。

"他们说的是到年底？"马里奥说。"即使整个产品组从今天就开始，到时也无法完成。这事巨大无比！"

马里奥拿起一支笔，在白板上开始勾画他们的系统，与其他僵尸团队成员讨论系统可能受到的影响。

他说："波西亚，让我们也利用这个机会帮你更好地理解一下这个系统。你随便问。"

波西亚说："你能等一下吗？我来录个像，这样可以帮我记住。"

米歇尔是这个团队的一名资深成员，她说："我们最好尽快开始一些真正的开发，并在前进中学习，否则我们到头来还是在分析。我以前见过这样的事情。"

Scrum Master 苏珊说道："我刚刚想到……Tom DeMarco 曾说过，每一个失败的项目都是因为起步太晚。"大家都笑了。她继续说："所以我的建议是：从切分出小功能块开始。"（参见 9.1.3 节）

## 创建新的需求领域

第二天，波西亚、普丽蒂和产品负责人团队的其他成员会面。波西亚概括性地分享了到目前为止她所理解的需求范围。

普丽蒂说："这个范围比我预期的还要大，我们需要在几个月内向监管机构展示一些切实的进展，并在财政年度结束前——也就是说从现在起有 7 个月——展示一些重大的进展。他们现在被授权随时可以向我们提出更多的要求，并有权关闭我们的业务。正如大家所知道的，就在上个月，首席执行官曾明确表示过新的监管要求必需优先于任何其他事务。根据我的经验，如果我们能尽早给监管机构展示一些东西，并做到透明和反应灵敏，我们与监管机构打交道时的灵活性就会提高。这就是我们要做的事情。"

普丽蒂继续说："依我看，我们需要建立一个新的需求领域来迎接这个突然袭击。当然，这可能会影响到我们现有的一些高优先级目标，因为我们必须转移一些团队。大家准备一下，一两天后我们举行一次会议，深入讨论一下该需求对整体优先级的影响。不过现在，我想先听听大家关于开辟新领域的意见。"（参见 9.2.4 节）

经过简短的讨论，每个人显然都认识到了创建新领域的重要性。

普丽蒂接着说："波西亚，你是新来的，对于这件事，你认为自己能处理好领域产品负责人这个角色的责任吗？"

波西亚点了点头。

普丽蒂继续说："彼得，你认为僵尸团队可以开始做这件事吗？他们需要学习多德－弗兰克法案知识，在更多的团队加入之前需要弄清楚该法案对我们系统的影响。"（参见 13.1.15 节）

彼得说："我想我们别无选择。"

普丽蒂说："好吧，波西亚，现在我们已经从彼得的领域待办事项列表中拿到一些条目，还有那个巨型条目——你称之为"多德－弗兰克的其余部分"，以及僵尸团队和你从该巨型条目中切分出来的那个细小条目。让彼得向你演示一下如何在产品待办事项列表中设置新领域，以及如何将条目转移到该区域。"

普丽蒂继续向小组讲道："下一个 Sprint 将在三天后开始。僵尸团队将会转移到你们领域，这样你们就可以开始启动这个怪兽了。也许在一两个 Sprint 阶段后，我们将会准备好——并且必须准备好——为你们领域增加一个团队，以加强你们的开发力量。各位，有两个主要问题，请大家考虑一下：第一，准备在几天后召开一次重要的会议，讨论优先级影响事宜。第二，还有其他哪些团队可以作为新领域优秀的候选团队。"

### 新需求领域的 Sprint 规划

每个需求领域都有自己的 Sprint 计划会议，而且这些会议几乎都是并行举行的。在波西亚的新领域，Sprint 计划会议以她向僵尸团队成员介绍两张陌生面孔开始。

她说："吉莉安和扎克与监管机构一直有定期的联系，他们将帮助我们把这件事具体化。他们已经同意在 PBR 会议期间帮助我们做计划，并且在后面的 Sprint 中每天都会尽可能多抽出些时间来帮助我们。"

她继续说："下面是我对未来两个 Sprint 的初步突击计划。首先，我们需要一起了解多德－弗兰克法案的更多内容，并将其分解为几个主要的、容易管理的部分，这样我们才能消除迷雾，对优先事项有一个更好的认识。

"第二，从这个 Sprint 开始，我们要实现那个切分下来的小功能块。这将能帮助我们更好地了解有关法案的真正的工作以及对我们产品的影响。我们也会因此取得一些具体可见的进展。

"第三，我们需要做好准备，迎接更多的团队加入我们的领域。大家觉得这种方法怎么样？有没有其他建议？"

在简短的讨论过程中，马里奥对他的团队说："最近我代表我们的团队参加了所有领域产品负责人和普丽蒂举行的产品负责人团队会议，我想就有关背景多讲一点。首先，项目开始阶段，只有我们一个团队。我们将在早期实现方面发挥主导作用，了解条目的总体情况，并理解对体系结构的总体影响。"（参见 13.1.15 节）

米歇尔打断道："就像一个老虎团队⊖开发新产品吗？"

"是的，就是这样，"马里奥说。"把我们的产品对多德 - 弗兰克法案的支持看作是一种新的产品，它需要不断地融合到我们产品的其余部分中去。但是由于时间匆忙，工作量大，几个 Sprint 过后，需要有一支团队加入我们，不久之后，可能还有另外两支团队再加入。届时，我们的开发不会中断，但我们会变成一支领头羊团队，这意味着我们需要带领其他团队跟上速度，并确保我们在引导整体产品的推进。"

米歇尔说："听起来这就像我们将要成为一个架构和项目管理团队一样！"

马里奥笑了，"不，受够你了。我们仍然是一个常规的特性团队，但除了开发之外，我们确实需要关注和指导新团队，让他们尽快赶上。但我们要清楚：团队协调和管理仍然是每个团队的责任。"

### 新需求领域的第一个 Sprint

第一个 Sprint 是一个不同寻常的过程，是在需求澄清和开发之间不断寻求平衡的过程，但这对目前这种极端情况来说相当有用。团队花了将近一半的 Sprint 时间与波西亚、吉莉安以及扎克交流。这是因为，即使是为了这一小块需求，试图理解政府新法规这一晦涩领域——无法直接接触政客和政策制定者——也需要大量的调查、阅读、讨论以及对外沟通（参见 9.1.3 节和 9.2.5 节）。他们预计，在未来的 Sprint 中，澄清所需的时间将很快减少到通常的水平，即一个 Sprint 时间的 10% 或 15%。

也就是说在这个 Sprint 中他们只花了一半的 Sprint 时间来开发一个小条目。但是讨论和从编码中学习是有回报的。尽管慢了但值得肯定的是，他们能够开始分解多德 - 弗兰克法案了——至少分解成他们中的任何人都能理解的部分。

在实现这个首先切分下来的小条目时，他们花了很多时间讨论系统的总体设计，频繁地在代码和设计之间来回切换，理清思路。

### 新需求领域的 Sprint 评审

整个证券产品组在一个 Sprint 中协同工作，最终实现了一个可交付产品增量。但是每

---

⊖ Tiger team，笼统地讲，指专家团队。——译者注

个需求领域都有自己的 Sprint 评审，所有评审几乎都是并行进行的。

在评审期间，波西亚、吉莉安和扎克仔细察看了僵尸团队成员实现并集成到整体产品中的一个"完成"条目。他们最初预测要完成两个条目，最终完成了一个，但波西亚对他们的成果仍印象深刻，想想看，这项新工作当时那么快就分给了他们。

## 第二个 Sprint

在第二个 Sprint 中，他们再次花了很多时间与波西亚、吉莉安以及扎克一起澄清需求，条目有一定的进展，但却不尽如人意。

在 Sprint 进行到一半的时候，他们与即将加入该领域的第二个团队举行了一次多团队 PBR 会议，向他们讲授了多德－弗兰克的相关知识。然后又举办了一个现行体系结构的学习研讨会，向团队介绍已有的主要设计元素（参见 13.1.9 节）。

僵尸团队明白这项工作非常大，并期待得到更多的帮助。

## 产品负责人团队会议

每个 Sprint 都会举办一次产品负责人团队会议，该会议用于调整和协调不同领域产品负责人之间的关系，并为大家提供一些指导（参见 12.2 节）。

在几个 Sprint 之后的一次产品负责人团队会议上，领域产品负责人轮流分享他们的情况和接下来的目标。当轮到波西亚时，她说道："不出意料，进展较小，挑战很大。但是浓雾正在散去，我和队员们正在全力以赴地工作。吉莉安和扎克帮了很大的忙。"

巴勃罗是资产服务的领域产品负责人，他对他们领域间关系紧密的条目做了一些评论。波西亚同意稍后会见巴勃罗和几位团队代表。

普丽蒂问："波西亚，你认为我们下一个 Sprint 的目标是什么？"

## 增加第三个团队

两个 Sprint 过后……在产品负责人团队协调会议上，普丽蒂讲话："正如大家所知，波西亚所在的领域目前仍然只有两个团队。我知道巴勃罗希望他的六个团队保持在资产服务领域，但多德－弗兰克法案今年对我来说太重要了，所以我们不得不把巴勃罗领域中的一个团队移到波西亚的领域。巴勃罗，请从你们组里找一个志愿团队，然后告诉我和波西亚。"

## 结  束

巨型 LeSS 故事中的一些关键点：

❑ 总体产品负责人负责寻找领域产品负责人，并负责发展他们的能力。

❑ 总体产品负责人负责决定启动、增长或压缩需求领域。

❑ 需求领域很大，通常需要 4 到 8 个团队，但在初始启动期间，尤其是在只有一个团队且使用"切分出小功能块"方法启动时，需求领域可以小一些。

❑ 领头羊团队首先独自处理一个大型条目，直到他们了解该领域以及开发方式，然后指导更多的新团队来帮助完成巨量工作。

### 2.3.7 多地点团队：术语与提示

接下来是一个涉及多地点团队的巨型 LeSS 故事。但首先还要明确一些定义，因为通用术语分布式团队（distributed team）所表示的含义经常被混淆，这里对这些术语加以澄清：

- ❑ 分散团队——人员（例如 7 人）分布在不同地理位置的团队；不同的房间、不同的建筑物，甚至不同的城市。
- ❑ 同地点团队——几乎是围坐在同一张办公桌旁工作的团队。
- ❑ 多地点团队——在一个地点工作的同地点团队，和在另一地点工作的同地点团队。

其次，这里再给出一些提示：

- ❑ 分散团队很少是真正的团队；它更可能是松散联系的个人群体。沟通协调摩擦较大，很少能结成团队。
- ❑ 当产品组有 50 人或 500 人时，没有必要采用分散团队。7 人一个小组很容易共处一地。但是，这样的团队有些可能位于不同的地点，因此产品组拥有的是多地点团队。分散团队通常是不良组织决策的产物，也可能是没考虑到不采用同地点团队所需成本。

> **规则：** 每个团队都是自管理的、跨职能的、同地点的、长期的。

### 2.3.8 巨型 LeSS 故事：多地点团队

波西亚是证券交易系统中新需求领域的领域产品负责人。新的领域开始时只有一个团队，专注而简单。几个 Sprint 之后，波西亚的领域增加到了三个团队。她和前两个团队一起驻扎在伦敦。但是第三个新团队，名叫德拉库勒斯第家族（HouseDraculesti），位于公司的一个主要开发基地，在罗马尼亚的克鲁日。

为什么不在伦敦开发基地添加第三个团队呢？这样做不是可以避免在一个需求领域内进行多地点开发可能带来的许多麻烦和效率损失吗？其中的成本提高会使得其添加了一个团队而不得不去掉另一个团队。

但这个案例有其积极的一面，因为克鲁日距离伦敦只有两个时区，那里的人都说英语，而且在这个重视长期实践工程的城市里，很多开发人员拥有计算机科学学位，具有超强能力。此外，这是公司一个专门的内部开发地点，这些内部团队都有丰富的开发经验，对产品和领域有着深刻的理解。

说到底，普丽蒂（产品负责人）不希望任何伦敦团队离开他们目前所在的需求领域。

普丽蒂知道多地点团队是波西亚要面临的一种全新情况，所以在接下来的一次会议上，她这样说道："请你的 Scrum Master 和西塔谈谈，也请西塔对你在做的一些事情提供一些指导。她是资产服务领域的 Scrum Master，几年来她一直关注着他们的多地点开发。她知道各个 Scrum Master 与他们的团队同地办公的重要性，并且帮助主持了许多次多地点会议。"

普丽蒂继续说："而且，我们今年的利润非常可观，所以我将给你和僵尸团队提供资金，尽快旅行到克鲁日去，和那里的团队同坐在一个房间内一起做迭代，紧密合作。克鲁日团队也可以来伦敦，但你需要在他们的工作地点发出一个强烈信号，表明他们很重要。当然要尽量避免让他们觉得伦敦比克鲁日更重要。哦，你还可以邀请他们每隔几个月定期走访一次。"

## 多地点 Sprint 计划第一部分

几个 Sprint 之后，有一次波西亚走进了一个房间，她看到房间里的计算机显示器投影仪连接着笔记本电脑，视频里正在显示的是克鲁日的一个房间，克鲁日的整个团队都坐在那里。西塔建议整个克鲁日团队在加入该需求领域的前几个月里能够参加多地点会议，这将能有效提高大家的学习效率和参与度（参见 12.1.2 节）。

所有团队代表都带着平板电脑或笔记本电脑。

波西亚开始讲话："欢迎大家。屏幕上的共享电子表格中突出显示的部分是我对这个 Sprint 条目的提议。我想大家都明白为什么这些主题和优先事项都很重要，因为我们已经在 PBR 中讨论过这个问题，它反映了我们大家的意见。不过，现在再问大家一次，你是否需要对它们做再次的澄清。除此之外，我还会邀请大家在自己希望开发的条目旁输入团队名称。"

完成之后，小组进入问答阶段，并总结了条目一直存在的一些问题。伦敦的代表们在墙面贴纸上写问题，克鲁日的团队成员在共享电子表格中键入问题。波西亚花时间看了一些贴纸上的图，并与大家边讨论答案边在纸上画草图。她还花了一些时间在电子表格上为克鲁日团队作答，同时通过视频会议与他们进行面对面的交谈。

大约 30 分钟后，各种不同的问题都得到了解决，波西亚请大家一起回来。她说："在我们结束之前，大家还有什么问题想一起讨论吗？"

## 多地点总体 PBR

伦敦地点的人们进入研讨会会议室。那里设置有两台投影仪。一台显示的是克鲁日工作室视频，另一台显示的是波西亚计算机上的浏览器（参见 11.1.2 节和 11.1.5 节）。

波西亚说道："我们开始吧。我想集中拆分一些条目。我邀请了扎克加入进来，他对此非常了解。"

扎克使用了一个基于浏览器的思维导图工具，一边与小组讨论一边创建思维导图分支。

然后，他们使用共享电子表格为每个新拆分的条目编写实例，以便两个地点的人员都能对细节有一个轻量级但很具体的了解。之后，小组使用特别大的规划扑克来对新条目做估算，大的规划扑克有助于大家举牌时在计算机和视频上看得清楚。

**结　　束**

巨型 LeSS 多地点故事中的一些关键点：

☐ 多地点团队经常会产生明显且微妙的摩擦并增加成本，其负面影响之大往往令人吃惊。

☐ 减少地点摩擦的有效方法包括：团队时区相近，工作地点为内部且专用（非外包），开发人员流利使用相同语言，地理位置和文化方面高度重视开发人员的长期实践和卓越能力。

☐ Scrum Master 必须与他们的团队共处一地。

☐ 各地点人员相互之间感觉像同伴，而不是二等公民。

☐ 定期走访不同地点，增加相互交流。

☐ 会议中争取使用视频工具进行虚拟面对面交流。

☐ 使用共享文档工具，同步轻松地修改工件。

## 2.4　继续前进

不要问："我们如何在复杂而笨拙的组织中实现大规模敏捷？"而要问一个特别且有深度的问题："我们如何简化组织使其变得敏捷而不是去做敏捷？"真正扩展 Scrum 起始于变革组织，而不是改变 Scrum。在下一个部分中，我们将利用 4 章的篇幅集中讨论如何理解和实现简单的以客户为中心的 LeSS 组织。

再接下来有部分 LeSS 产品和 LeSS Sprint，我们将在其中介绍简单 LeSS 组织中以客户为中心的产品和迭代。

# LeSS 结构

*Chapter 3* 第 3 章

# 采 用

生大材，不遇其时，其势定衰。生平庸，不化其势，其性定弱。

——老子

## 单团队 Scrum

Scrum 简单，但采用 Scrum 却并非如此。为什么会这样呢？

Scrum 不是一个过程，它不会如魔法般神奇地解决问题，并创造出"高产"团队。它是一个可以建立短反馈回路以大大提高透明度的框架。它就像一面镜子，能照出团队创造产品的能力，会暴露团队和组织中的问题。这种可见性是经验性过程控制的基础，它与检查 - 调整原则一起，将团队、产品负责人和组织置于一个持续改进的循环之中。

经理们正在思考如何通过改进来助力开发

这是个好消息，但坏消息是这太糟糕了。事实上，透明会令人不安，甚至具有威胁性，这会使方法的采用变得困难重重。

单团队 Scrum 对 Scrum 的采用描述不多，而只是讲"照着书本开始"。这并不是因为 Scrum 狂热者想要在世界上强制大家使用他们喜爱的规则，而是承认改进始于遵循和理解标准，或者像精益思想中所说的，"没有标准，就不可能有改善。"通过这本书体验 Scrum 可以让读者从一个系统思维的视角了解 Scrum 原则和实践之间的关系，这对 Scrum 的成功至关重要。

经验丰富的 Scrum Master 加上对 Scrum 有深刻理解的团队将极大提高成功采用一种方法的可能性。

## 3.1　LeSS 采用

LeSS 采用涉及大型组织和许多关于组织应该如何运作的根深蒂固的假设。成功的采用需要挑战这些假设，以及简化组织结构，所要用的武器就是大团体工作中需要的激烈的政治观点和敢于“丢面子”的勇气。方法的采用需要每个人参与改进，并朝着共同的目标努力。

当规模扩展时，与采用相关的原则包括：

**持续改进以求完美**——采用 LeSS 的团体自然会提出他们对采用的观点和习惯。这些观点和习惯会是什么呢？创立变革愿景，启动多项变革工程。当最初的目标明显已经实现时，

1. “变革完成”，而且

2. 本组织将维持新的现状，直到

3. 下一次变革需求出现，然后

4. 撤销以前的变革。

这种经典方法类似于软件开发中的顺序“大批量”方法，其中变更作为一种例外受到许多变更控制委员会的控制和严格管理。

在 LeSS 采用中，没有变革的倡议，没有变革的群体，没有变革的管理者。在 LeSS 框架中，变革通过试验和改进来进行，并且其是连续的，变革就是现状。

### 3.1.1　LeSS 规则

> 对于产品组，要把建立完整 LeSS 结构“作为起始点”，这对 LeSS 的采用至关重要。
>
> 对于超越产品组的较大组织，通过使用“现场观察”实践，演进式采用 LeSS，从而创建一个以试验和改进为准则的组织。

### 3.1.2　指南：三个采用原则

这些原则对于组织的 LeSS 采用至关重要：

❑ 深而窄优于宽而浅

❑ 自上而下与自下而上

❑ 使用志愿服务

## 深而窄优于宽而浅

在一个产品组中采用 LeSS<sup>⊖</sup>比在许多产品组中采用 LeSS 效果更好。

不良的 LeSS 采用具有危害性。缺乏深刻的理解会破坏作为经验性过程控制和持续改进的关键因素：透明和反馈回路。我们甚至看到"LeSS"被滥用作一种非凡的微观管理工具。故而，在微观管理式 LeSS 采用成为既定基准之后，那就真的很难再做改变，因为重新学习已知的东西是很困难的。

因此，只需将 LeSS 采用的工作集中在一个产品组上，为其提供所有必要的支持，并确保其确实能正常工作。这样做可以最大限度地降低风险，如果遇到大问题，它就会触发一个具有针对性的学习机会。成功的时候，它则会激起正面的"传言"，这是进一步实施采用的重要营养素。

## 自上而下与自下而上

我们经常被问到一个问题，方法的采用最好是自上而下还是自下而上。这是一种错误的二分法。只做任何一种，则可能招致失败，需要两者都做。

**纯粹的自上而下**——经理驱动的"你应该做 LeSS"式的采用会引起阻力，并使组织面临失败。命令团队去管理自己是一个矛盾体。LeSS 采用需要深刻的理解，它不是来自指令，而是来自讨论。只有通过理解、选择和个人安全感，人们才能承担起反思和改进的额外责任。缺乏这些因素所造成的不良局面会因"我们 – 他们"，即经理与员工之间的关系而被放大和加剧。在这种情况下，强迫 LeSS 进入组织会助长受害者行为，并进一步降低管理层和员工关系的融洽度。人们会说："我们别无选择，我们的经理说我们必须做 LeSS！"他们会秘密地或许是不知不觉地、舒适地，或者至少是熟悉地躺在受害者的位置上休息。

**纯粹的自下而上**——这种 LeSS 采用是不可持续的。一开始，这种方式创造出一股令人愉快的能量，这些能量其实来自于那些想做正确的事情的人。这带来了思想开放、学习加速和理解加深的景象。真的很棒！然后呢，这些精力充沛的人以精力充沛的方式撞上了组织的壁垒。砰！在没有来自高层的支持的情况下去改变组织结构和政策，热心的人逐渐失去了原有的精力，对眼前的障碍和僵化感到沮丧。许多人最终放弃了希望，或者因为希望破灭而感到痛苦。这也让我们感到难过。

**自上而下和自下而上**——成功的 LeSS 采用既需要人们做正确事情的精力，也需要那些有组织权力的人的支持。管理者的心态必须是支持，而不是控制。他们需要确保适当的支持结构及时到位，使基层的能量蓬勃发展，不断扩大。

我们经常听到希望得到管理者支持的心声。但要小心自己希望的究竟是什么！

❏ 没有管理层支持往往会导致受害者行为。"没有经理的支持，我们什么都做不了。"

❏ 有了管理层支持则可能导致更糟糕的情况。"我们必须做 LeSS，因为我们的经理是这么说的。"这种不动脑筋的服从会破坏 LeSS 的采用。

---

⊖ 如果是巨型 LeSS，那么有一个需求领域。

**需要什么样的管理层支持？**

所需要的管理层支持，来自于那些有组织权力并能在团队中进行结构变革的人，通常是产品组的负责人。这种支持必须是……真正的支持。

真正的支持始于自我教育。产品团队中的所有经理都需要花些时间学习 LeSS，对自己进行自我 LeSS 教育。这包括参加几天的入门培训和读几本相关的图书。除了教育之外，管理人员还需要就以下方面与团队进行明确的沟通，并采取明确的行动：（1）LeSS 采用的意图；（2）结构变革的承诺；（3）提供教育和辅导。

**不需要什么样的管理层支持？**

监督多个产品开发的高级经理，他们的支持往往适得其反。为什么这么说呢？他们会忽略实际问题——因为他们没有充分参与实际开发。他们的支持通常就是做出一些"优化"和"协调"的决定，这些决定从他们高级职位的角度来看似乎很有意义，但实际上很少能为真正创造价值的现场（gemba）带来真正的好处。结果是，为了应对这些用心良苦的决定，团队处理实际问题的精力被不断消耗。

团队也不需要获得这些管理人员在管理方面的支持，因为管理人员们还没有深入了解 LeSS 及其产生的影响。我们经常被要求在一个小时的演讲中概述一个为期 3 天的深度培训，因为这些经理"太忙"了，他们没有时间参加为期 3 天的课程。到目前为止，我们还无法将需要 3 天时间来理解的内容压缩为 1 小时的演讲。好吧，是我们不对。

## 使用志愿服务

如何组建新团队？谁会加入社区？这些问题，以及更多的问题该如何回答呢？

使用志愿者！真正的志愿服务是一种激起人们身心参与的强大方式。如果它没有得到充分利用，则可能是因为管理人员觉得他们会失去控制。但是对于那些自愿的团队来说，志愿服务就是力量的象征。

志愿服务始于教育。假设只是要求志愿者做一个混合结对试验，这可能不会得到很多人的支持，即便有人回应，这些人在最好的情况下也是感到困惑的。但是如果首先解释混合结对是一种使用频繁结对和交换的方式来增加学习结对编程技术的机会，那么效果就会不同，就会有越来越多且越来越优秀的志愿者加入。因此，首先提供足够的教育和讨论，让其他人了解他们做志愿服务的目的。

以下是志愿服务工作的一些例子：

**初期产品志愿服务**——哪个产品组将采用 LeSS，并且可能包含所有的组织设计变革？游说高级研发和产品经理，要求成立一个志愿者小组。

**初始团队志愿服务**——假设初期产品组的 LeSS 采用已经很成熟，并且有大约 50 人。但产品组之外可能有人真的对加入感兴趣，而且里面也有人想离开！那么，在"翻转整个团队"之前，请再次使用志愿服务方式，即向整个公司发出邀请，邀请大家志愿加入（解释是什么和为什么）。然后请原小组的成员离开。因而，最初的人员将更容易接受学习和承担责任。他们很可能会使初期团队取得成功，因为他们不再只是被计数的人头，他们的心已在里面。

**团队组建志愿服务**——LeSS 中，如何组建团队呢？LeSS 支持"自我设计团队"。这个过程是在一个所有未来团队成员都参加的研讨会上完成的。主持人首先介绍产品和研讨会的目标。然后，他们按照之前商定的所有约束条件一起定义典型的团队模板（主持人已经有建好的模板，但最好是让小组自己来明白这一点）。示例模板如下：

- ❑ 每个团队都位于同一地点。
- ❑ 每个团队都是跨职能的，因此他们可以做到"完成"。
- ❑ 每个团队对若干个组件都有深入的了解。
- ❑ 每个团队都约有 7 人。

模板定义过程中讨论并列出了"跨功能"和"跨组件"的详细信息。接下来，开放空间，并留出一段不长的时间（例如 15 分钟），供人们以模板为导向，以志愿的方式组建新的团队。然后，他们对照模板检查新生团队。如果不够好，小组将继续进行多个回合来讨论，直到组建完成；通常需要 2 到 4 个回合[⊖]。

### 3.1.3 指南：启动

三个采用原则意味着 LeSS 采用在一个产品组中的启动。怎样才能增加它成功的可能性呢？

1. 教育每个人
2. 定义"产品"
3. 定义"完成"
4. 拥有结构合理的团队
5. 只有产品负责人为团队提供工作
6. 让项目经理远离团队

#### 1. 教育每个人

我们所看到的最好的 LeSS 采用是首先让每个人参与几天的 Scrum 和 LeSS 培训。随后

---

⊖ 参见网页：How to Form Teams in Large-Scale Scrum? A Story of Self-Designing Teams.（也可参见 http://bit.ly/1WSJhKo）。

提供团队、组织以及技术性的指导。

　　这并不意味我们在兜售 Certified LeSS Practitioner（LeSS 认证师）课程，尽管我们并不介意这么做。任何优秀的教育方式都可以使用；关键在于，如果没有教育，即便使用志愿服务原则，也不会有很多志愿人员加入。

　　**教大家为什么**——除了教大家了解什么是 LeSS 和如何采用 LeSS 外，更为重要的是要帮助大家理解其中的缘由，即为什么。毕竟在不了解原因的情况下，盲目遵守流程的情况已经太多了。

　　伟大的培训师和伟大的教练不仅会关注为什么，还会使 LeSS 的采用更为独到和精彩。那么如何选择这些人呢？使用以下准则：

- ❑ **拥有实践经验**：不论是内部的团队成员还是外面的教练，都需要有 LeSS 实践经验。避免找那些从不关心由谁来教的培训服务机构，避免选那些只懂理论知识的培训者，他们没用。
- ❑ **评估个人，而不是公司**：要选的是独一无二的人。伟大的教练是个体，找到教练并建立长期的关系。避开大型咨询公司和培训公司。
- ❑ **需要有技术深度和理解能力**：LeSS 需要卓越的技术。技术、团队和组织决策密切相关，教练需要有这种广阔而深刻的视角。避免选择没有技术专长或技术专长有限的人，他们通常是前 PMI 项目经理。
- ❑ **期待长期合作**：LeSS 的采用需要耐心和时间。找一位能够承诺多年一直致力于帮助组织完成采用工作的教练。避免找那种"开车经过"式的教练，他们只是过来、评论、批评和离去。
- ❑ **关注质量而不是成本**：雇佣便宜但糟糕的教练（忽略前面的因素）确实是一件花小钱犯大傻的事情。有缺陷和失败的 LeSS 采用肯定是会出现的；这时糟糕的教练帮不了什么忙。
- ❑ **不要委托选择权**：这个决策太重要了，不能把选择权送给那些不会直接参与其中的人。避免将选择权委托给某一个部门，如 PMO（项目管理办公室）、采购部门或人力资源部门，因为他们参与项目的程度远远不够，无法看到一些重要的因素。
- ❑ **不看重认证**：大多数资格认证和课程认证几乎毫无意义。认证可能没有什么坏处，但仅仅认可认证是不可靠的。以上各点更为重要<sup>⊖</sup>。

❑ **评估多人**：小组最好在做出决定和长期关系投资之前，对多个人进行评估。

## 2. 定义 "产品"

产品定义决定了采用的范围、产品待办事项列表的内容以及谁是合适的产品负责人。广泛的产品定义益处更多，但实际的定义必须足够实用，才能开始使用。

创建产品定义包括：

❑ 通过扩展问题来扩展产品定义，例如，"客户认为我们的产品是什么？"
❑ 通过限制问题来限制产品定义，例如，"在我们当前的组织结构中，哪些是实用的？"
❑ 为扩展产品定义探索一些改进方法。

本书第 7 章将详细介绍为什么广泛的定义更好，以及如何创建产品定义。

## 3. 定义 "完成"

要制定出更好、更强的完成定义（DoD 或 "完成"），需要团队内部拥有较广的技能面。例如，如果 DoD 中包括性能测试，那么团队就需要获得该项技能。它可以通过学习获得，但通常的做法是，将具有性能测试技能的人员从其所在的专门性能测试组转移给团队。另一方面，如果性能测试不在 DoD 的范畴之中，那么单独的性能测试组可以继续保持其原来的工作方式，直到 DoD 定义的范围扩大。因此……

---

更好和更强而不是更糟和更弱的完成定义会导致更多的组织变革（例如消除团体、角色、职位，……）。

---

弱 DoD 会造成额外风险和延迟！我们将在第 10 章中进一步探讨所有相关主题。

对组织变革程度的影响使 DoD 成为采用 LeSS 的一个关键管理工具。管理者需要在强大的 DoD（导致更多的组织变革、更少的延迟和风险）和弱小的 DoD（导致更少的组织变革、更大的风险和延迟）之间进行权衡。关键问题是，"我的组织此时有能力处理多大程度的变革？"

## 4. 拥有结构合理的团队

每个团队都有共同的责任去实现他们共同的目标。为了支持团队的成功，需要确保每个团队都有适当的结构。对初始团队的要求是：

❑ **敬业**——每个人都是一个而且只是一个团队的成员之一。
❑ **稳定**——团队成员不应频繁更换。
❑ **长期存在**——团队不是临时项目团队，而是能多年在一起工作的团队。

---

⊖ 这包括 Certified LeSS Practitioner（LeSS 认证师）认证课程。我们推荐本课程，但不是为了认证，是为了本课程。

❏ **跨职能**——团队具备完成产品功能开发所需的职能性技能。

❏ **同一地点**——团队位于同一个地点，通常实际上是围着同一张大桌子坐。通过面对面的交流，信任度得以提高；通过相互教学，学习得以加强。

本书第 4 章将详细介绍每个团队的属性。

这种新结构意味着人们离开他们所在的职能部门，永久加入新的跨职能团队。专门的职能部门则应予以撤销。

为什么不建议继续保持向职能部门经理汇报这样的关系呢？因为这样做会导致忠诚度冲突，破坏团队的共同责任感和凝聚力。"这是不是夸大其词？我们公司就是这样运作的。"我们已经见过很多组织这样做了，但都没有成功，所以不要这样做。相反，所有团队的成员应只汇报给同一经理，而经理有明确的责任，就是为团队的成功营造良好环境。

## 5. 只有产品负责人为团队提供工作

经常有这种感觉吗？……一整天都在工作，忙、忙、忙，到底完成了哪些工作？这是情景切换的吸血鬼，在吮吸着人的生命。不见成效、漫无目的、消极失意。

初始团队肩负着艰巨的任务：既要专注于产品开发的共同目标，又要解决开发环境中的一大堆障碍。障碍（较差的测试自动化程度、工具、策略等）是通过在一个跨职能团队中短时间内"完成"工作而被揭示出来的。

这些开拓者正在为未来的团队打基础，他们需要集中注意力，这一点非常重要。可为什么会做不到呢？是因为那些貌似意图良好、合情合理的中断，以及来自直线经理、销售、首席执行官和人力资源等的额外工作要求。别让这种事发生！

要防止这种情况的发生就需要确保产品负责人作为唯一人员为团队提供工作（参见第 8 章）。这不仅能支持团队集中注意力，而且还能帮助团队减轻因为要竞争工作而产生的压力。确定优先级是产品负责人的问题，而不是团队的问题。

## 6. 让项目经理远离团队

对于有经验的 LeSS 组织，产品组中的项目经理角色不复存在。不再需要该角色的原因是项目管理的责任已由产品负责人和团队来共同分担。

大多数 LeSS 采用可以立即消除项目经理的角色。在一些罕见的采用案例中，这个角色仍然需要，但只是暂时的。这通常发生在产品的完成定义或跨产品边界的协调能力还处于薄弱或不完善的时候。在这些情况下，组织可能不会立即放弃项目经理的角色。

所以有时候项目经理的角色还会存在一段时间。但带来的问题是什么呢？他们很可能会经常打断别人的话，引入相互冲突的优先事项。所以，虽然暂时有项目经理的角色，但不允许项目经理打断团队、协调团队或为团队分配工作。

本质上，此建议与"只有产品负责人为团队提供工作"相同，并且也适用于其他管理角色。我们已经讨论过，明确这一点非常重要（参见第 5 章）。

并且……将所有项目经理重新命名为 Scrum Master 也是行不通的。

**下一步做什么?**

本节指南认为要把正确的组织结构作为启动点。下一步是确定产品待办事项列表,这可以通过初始产品待办事项列表梳理的有关活动来进行;有关这方面的指南,请参阅第11 章。

### 3.1.4 指南:文化跟随结构

文化跟随结构实际上是"拉尔曼组织行为法则"的第四条。组织中的人员善于表示对改进的支持而实际上不做任何事情。我们已多次观察到这一点。为什么会这样呢?

克雷格在他的职业生涯中有长期的开发经历,从 1979 年的 APL 编程开始,发展到帮助大型产品组织采用现代管理实践。在啤酒喝多了的时候,他往往会提到退休,并且最近他发现没有什么法则是以他的名字命名的,这使他感到不快。于是他决定创立"拉尔曼组织行为法则",提醒人们注意困扰许多组织的、自私的机能失调行为。

拉尔曼组织行为法则:

1. 组织会被隐式优化,以避免改变目前的中层经理、一线经理以及专家的职位和权力结构。

2. 作为 1 的必然结果,变革举措将被减少到只重新定义或过度定义新术语,使其与现状基本相同。

3. 作为 1 的必然结果,任何变革举措都将被嘲笑为"纯粹主义""理论化""革命化"和"需要针对本地问题进行实用化定制"——这偏离了加强薄弱环节和解决管理人员 / 专家现状问题<sup>⊖</sup>的方向。

4. 文化跟随结构。

大家一定会想到,反向(即结构跟随文化)也是事实(尤其是在初创企业)。但这仅仅是简练而富有诗意的短语,不要按字面意思去理解。

那么文化跟随结构是什么意思呢?只要组织结构的要素——团体、角色、层级和策略,或者更广泛地说,组织系统 / 设计不变,行为和心态<sup>⊜</sup>就不会改变。系统思维的思想领袖约翰·塞登这样解释"文化跟随结构":

> 试图改变一个组织的文化是愚蠢的,它总是以失败告终。人的行为(文化)是制度的产物;当制度改变时,人们的行为才会随之而变。

我们观察到许多组织试图采取 LeSS,但拒绝对其组织结构、角色和策略做相应的变革。所有这些都会导致 LeSS 采用的全部好处无法兑现。

问题的一部分是个人的工作安全。人们不想因为结构变革而失去工作。这就是为什么 LeSS 采用强调精益思想中的工作安全原则,而不是角色安全原则。

---

⊖ 现状问题,可以理解为保护现有职位或角色不变的思维。——译者注
⊜ 可以理解为,人们的行为和心态构成了组织的文化。——译者注

### 3.1.5 指南：工作安全，而不是角色安全

> 当一个人的工作依赖于不用理解某件事时，则很难让他理解它。

> ——厄普顿·辛克莱

当改进的结果可能是失业时，谁会为持续改进而努力？没人。在 LeSS 采用过程中，当制定一项政策时，确保没有人会因执行该政策而失去工作是至关重要的。至少不是由于 LeSS 采用所产生的结构改变而导致职位或角色消失。请在组织内清楚且反复地传达这个意思。

被解散的职能部门的员工可以加入 LeSS 团队。职能部门的前管理人员也可以，因为他们通常都能在实际中熟练地从事创造价值的工作。组织必须积极帮助每个人在新的结构中找到新的角色（有关管理变革，请参见第 5 章）。

### 3.1.6 指南：组织的完美愿景

组织是极其复杂的系统，在这种系统中没有人能控制一切或知道一切。

每个人都在不断地做出各种小决定，组织行为就是从这些决定中产生的。人们做决定时根据的是他们的经验、目标、原则和价值观。当决定不一致时，各种有明确目标的人就会朝不同的方向匆忙前进，造成组织死局或僵局。当这些决定协调一致时，便能释放出能量，让事情向前推进并不断改善。

在做改进时尤其如此。我们已经看到过大量愿望良好的改进，但带来的只是额外的官僚主义和更多的痛苦。什么时候对改进进行改进呢？显然，它必须是系统全局的改进，而不是局部优化。但怎么知道呢？以下两个问题将有助于把大多数真正的系统改进与局部优化区分开：

- ❑ 改进是否会让我们更接近组织的完美愿景？
- ❑ 改进是否是对现场或实际工作场所的改进？

关于"现场"，本书将在第 5 章中做详细介绍。该章中的相关指南将重点介绍组织的完美愿景。那么首先，什么是完美愿景？

经典的精益完美愿景是丰田的准时制（just-in-time system）——每一次当客户购买一辆车时，就会刚好生产出一辆车。这种完美的愿景产生了理想的"单件流"（one-piece flow）流程，在这种流程中，生产系统被设置为处理小批量工作，理想的批量大小为 1。其实这一理想可能永远不会实现，但几十年来，它一直指导着丰田不断改进其生产系统。

以下是我们使用 LeSS 时的完美愿景：

---

创建能够随时交付或随时改变方向而无须额外成本的组织。

---

完美愿景与愿景不同。愿景的目标是实现它，而完美愿景的目标是引导改进。当愿景实现时，人们会庆祝，但当完美愿景实现时，人们会感到悲伤，因为它恰好变得不再有用。

与我们合作过的成功产品团体都有组织的完美愿景——这是一个无法实现的关于产品团体将成为什么和如何运作的目标。那么他们的完美远景是如何使用的呢？人们会根据决策是否更接近完美愿景来讨论和评估形形色色的决策。

讨论是一项重要的工作，但往往会话不投机。所以人们想通过白纸黑字地写下一个愿景来帮助每个人理解愿景，至少在字面上的理解保持一致。例如，以下是客户在其产品组中采用巨型 LeSS 框架时所建立的原则的早期版本：

---

1. 完美的目标是始终拥有可发布的产品。发布稳定版本的周期需要缩短并最终消除。

2. 位于同地点的、自管理的、跨职能的 Scrum 团队是基本的组织单元。责任和问责是在团队一级。

3. 大多数团队被组织为以客户为中心的特性团队。

4. 产品管理层通过产品负责人角色来指导开发。对产品发布的承诺不会强制在团队一级执行。

5. 直线组织是跨职能的。职能型专门化直线组织逐步融入跨职能的直线组织。

6. 避免特殊的协调角色（如项目经理），要由团队来负责协调。

7. 管理层的主要责任是改进——提高团队的学习能力、开发效率和开发质量。团队的工作内容总是来自产品负责人。

8. 不设开发分支，不在版本控制系统中反映产品变体。

9. 除了探索性测试、易用性测试和需要移动物体的测试之外，所有测试都需要自动化。所有人都必须学习测试自动化技能。

10. 新方法的采用是循序渐进的。每一项决策都需要考虑到上述原则。

---

当然，这只是一个例子，不过请随意使用它作为讨论组织完美愿景的起点。

管理者们——连同整个产品团队——必须建立这种组织完美愿景来指导决策的制定和实施。通常，通过非正式讨论和研讨会可以产生一些指导性的完美愿景和原则。可以用以下两种方式来想象这种完美愿景：（1）想象自己到了工作岗位，完美的组织是如何运作的；（2）想象完美的产品，然后想象组织正在创造这个完美的产品。

### 3.1.7 指南：持续改进

只有达到完美和能够控制一切的程度，LeSS 采用才算结束。做不到这一点，就总有事情需要做改进。

经理的工作是打造一个供团队持续交付和持续改进的环境。最好是他们自己的团队做最多的改进，但经理和 Scrum Master 也要经常参与组织层面和环境层面的改进（参见第5章）。

---

提示 ❑ **集中注意力！**

因为每个人都忙于思考新的改进主意，结果没有做任何改进，这是持续改进的最大失败。"还是再评估一下目前的状况吧。""嘿，这两种方法一样，不知道为什么？"或者，另一种流行的说法，"让我们采用 NooDLeS 吧，LeSS 在这里行不通"（其实从来没有真正尝试过 LeSS）。

出路呢？停止评估，开始行动！始终记住排在最前的两项改进事项，并将精力集中放在它们身上。如果改进没有完成，团队就会很快失去兴趣，不再考虑新的改进。

❑ **利用回顾会议发现改进点。**

发掘新改进的首选场所是团队回顾会议和全体回顾会议（参见第14章）。

❑ **专注于真正的改进。**

并非所有的改进都是真正的改进。有些只是局部优化——不能改进整个系统，而只能从一个角度改进。两种常见的局部优化是：（1）职能局部优化；（2）基于假设且不受质疑的局部优化。职能局部优化是职能专门化方面的改进，从系统输出的角度来看，这种改进通常是有害的。例如，"在每个 Sprint 测试方面有一种障碍：应该在系统开发完成后开始测试，这样测试才更有效。"基于假设且不受质疑的局部优化是指基于对"事情的工作方式"的假设而进行改进，但假设可能是错误的。大系统的改进往往需要挑战各种假设或已有观点；但对局部改进却很少能产生影响。体现这种观点的例子有："必须在测试之前完成编程"和"如果每个人只专注于一项技能，做事就会更有效"。

局部优化的改进建议对学习和扩展视角可能是有价值的。在这些建议被提出时，请与建议发起人或团队一起分析它们。这样的讨论有助于拓宽改进的角度，为进一步改进奠定基础。

❑ **避免设立质量、流程、转型或改进人员。**

大型组织通常为质量和流程部门配备有六西格玛黑带，负责运行改进工程。甚至更近一步，有些组织还设有专门的转型部门。要避免这么做！我们需要的是每个人都必须随时随地不断改进。用一个部门专门负责改进是消灭改进和消灭团队参与度的最强方法。相反，要使用现有的直接组织结构来支持采用和改进。

❑ **避免改进团队；使用常规团队。**

与上一个提示有关。组织普遍会专门创建一些改进团队，并向他们分派任务，实现改进条目[⊖]。而更好的选择应该是让常规团队来处理改进条目。这可以与常规的工作条目一起进行，也可以只在某几个 Sprint 中专门实现要改进的条目。这样做的优势在于常规团队可能是他们自己所做改进的未来用户，因此他们会把改进项实现得更加易用和更加有用。

❑ **避免设立改进项目；使用产品待办事项列表。**

此外，组织通常认为所有的改进都必须通过"项目"来进行。项目被单独管理，要么配备以改进团队（见上一点内容），要么更糟糕，削减常规团队人员，增加改进团队人员。后者会导致组织对"资源"的争夺和团队焦点的不足，并打破团队的共同责任。正确的做法应是，让常规团队参与进来，把要改进的事项加入到产品待办事项列表中。这样，所有的工作都可以在产品待办事项列表上可见，把持续改进变成了一种正常的制度（参见第 9 章）。

持续改进失败的最常见原因是无法进行实际的改进。这会导致团队的沮丧，丧失对经理的信任。当这种情况发生时，经理需要停下来反省一下，问问自己："作为经理，我们应该提供什么样的服务？"

### 3.1.8 指南：扩大采用范围

第一个 LeSS 采用大功告成！接下来做什么呢？我们达到完美和掌控一切的标准了吗？如果没有，请做以下几件事：

❑ **把采用扩大到多个产品，保持相同的支持环境。**

扩大是一定的，但要扩大到多少个产品呢？也许是两个产品而不只是一个，但不可太多。关键的限制是每个产品在采用 LeSS 时，能够为其带来多少相应的人员、资源和关注度，并保持支持力度不变，甚至提高。我们看到的一个共同问题是，第一次采用所给予的关注度在扩展采用时往往变得不再那么集中，并且还缺乏活力。需要阻止这种情况的发生！每个新产品都需要相同的支持环境和关注。

❑ **强化完成定义。**

"完成定义"不太可能完美无缺。通过增加团队的跨职能能力来强化完成的定义；发现新障碍，努力去逾越（参见第 10 章）。

❑ **扩展产品定义。**

初期产品定义往往受到组织结构的限制。尝试扩大这一定义的范围，以获得更好的优先级、更多的客户关注和更简化的组织（参见第 7 章）。

❑ **提高团队的产出，并分享经验。**

初始团队的产出不太可能那么美妙。但是他们发现了环境和开发实践中的局限。许多

---

⊖ 这种组织行为反映了本书第 5 章中讨论的泰勒主义所产生的影响。

东西需要学习，许多地方需要改进，许多限制仍然存在。努力解决这些问题，那么团队的产出就能得到相应的提高。请务必向所有团队以及其他产品团体分享这些问题的解决方案。

❑ **改进支持工作。**

对初始团队支持的有效性如何？从团队中获取反馈并使用它来改进支持工作（教学、指导、组织变革等），以供今后采用 LeSS 的产品团体使用。

❑ **利用自下而上的能量。**

初始团队在第一个产品中采用 LeSS 的积极成效可能会激励其他产品组中的团队在未经高级经理批准的情况下采用 LeSS。与其扼杀它，不如让它自己发展并支持它。请充分利用这种自下而上的能量。

## 3.2　巨型 LeSS

规模进一步扩展时，另一个问题是：

**一次全部完成结构变革难度过大**——在一个庞大的产品团体中，很难一次做出巨大的结构变革。困难的原因不仅仅是人数多和思想繁杂，还因为：

❑ 组织对一大群客户都有在特定日期前交付新功能的承诺，这使得大规模的变革面临风险；

❑ 组织政治会使变革发展成为人们的"职业限制"；

❑ 这么大的规模无法保证足够的教育和辅导。

因此，巨型 LeSS 的采用需要以一种更加演进式的方式来完成。

### 3.2.1　巨型 LeSS 规则

> 巨型 LeSS 的采用，包括组织结构的改变，应采用演进增量的方式进行。
>
> 每一天都要记得：巨型 LeSS 的采用需要几个月或几年的时间，需要有不尽的耐心和充足的幽默感来支撑。

### 3.2.2　指南：逐步增量式采用

LeSS 采用最好一次全部完成，但巨型 LeSS 采用必须循序渐进地增量式完成。巨型 LeSS 的采用有两种方法可循：

❑ **在整个产品组中渐进增量式地采用。**

所有团队都在以相同的步调逐步提高自己的采用规模和能力。这可以通过扩展产品级完成定义和使用特性团队采用路线图等工具来实现（参见 4.1.4 节）。

❑ **在产品组的某一部分专注而深入地采用。**

改进专注于首先让几个团队变得真正优秀，然后把他们逐个分散开。深度采用可以通过扩展某几个团队的完成定义，让他们实现特定的改进事项，并通过集中指导来进行。

这两种方法都有效。迫不及待的渐进式采用有一定的优势，有希望在产品范围内快速获得成效，尽管这种情况通常不会发生，因为所有团队必须同时解决一些相同的问题——结果又导致新的问题。专注而深入地采用看起来缓慢一些，但它可以避免让所有团队都经历痛苦。当然，缺点是依然存在的痛苦仍无法解决，因为这些痛点（还）不是采用的关注点。

LeSS 采用原则更倾向专注而深入的采用，这一点在此做了讨论。第 4 章将介绍逐步增量式采用方法。

### 3.2.3　指南：一次一个需求领域

启动巨型 LeSS 采用最简单的增量式步骤是在一个需求领域内采用 LeSS 框架。这里的重点在于，LeSS 采用首先要放在效益高和风险低的需求领域，或者至少是风险低的需求领域。

这意味着一次只创建一个新的需求领域。

现在事情变得有点棘手了：这个新创建的（也许只有一个）需求领域仍然是产品的一部分，因而它和庞大的"旧组织"之间仍将存在依赖关系。困难的地方在于，在破坏"旧组织"以支持这个年轻的需求领域和坚持遵循现组织接口之间如何寻求平衡。

最后的选择是战斗。"旧组织"中有一条规则必须瓦解，即放弃个人 / 团队代码的拥有权；否则，年轻的需求领域就没有机会了。

### 3.2.4　指南：并行组织

前面的指南是一个比较通用的技术实例，说明了在不做任何改变的情况下如何进行组织结构变革，即构建并行组织。这意味着现有的组织保存不变，并从几个特性团队或一个需求领域开始，逐步建立并行的新的组织。这种方式对于特性团队很合适，因为他们没有实质上的依赖关系。一旦第一个团队工作良好，就可以逐渐将团队从传统组织中转移出来。当动力足够时，便可以把旧的组织合并成新的组织。

注意事项：

❑ 并行组织不是试点组织，并行的结果之一是组织的报告线必须与传统组织分开。

❑ 不要让并行组织建立代码库分支，因为这会导致令人痛苦的代码合并开销。它们是独立的组织，但要使用相同的产品和相同的代码库。

❑ 要非常清楚地告知团队，每个人最终都将进入新的组织。这个信息很重要，这样旧组织中的人就不会专注于无谓的竞争了。

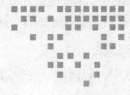

第 4 章 *Chapter 4*

# 围绕客户价值组织

我希望它是透明的，但我不希望露出背景。

——匿名客户

## 单团队 Scrum

Scrum 的一个始终不变的中心主题是不懈地关注交付客户价值。工作的顺序是基于为客户提供价值，而不是基于开发的便利性。这种做法侧重于通过早期交付价值来验证技术决策，它对希望首先构建框架的开发人员来说，是一种艰难的变化。

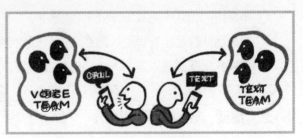

团队按客户价值组织

以下三种 Scrum 角色在不懈关注客户价值和尽力关切技术卓越之间找到了平衡。

- "产品负责人"负责投资回报。一些艰难的商业决策要由她来做。产品提供什么功能？去掉什么功能？什么时候发布？投资多少？她需要以客户为中心的观点来决定产品是什么。

- "团队"是一个跨职能且自管理的团队，由职业产品开发人员组成，他们共同负责在每一个 Sprint 中交付可工作、易维护并且已"完成"了的功能。他们决定如何构建产品，进而决定工作量的大小。

❑ Scrum Master 负责使 Scrum 正常运行，并确保对组织有益。她的重点是培养运转良好的生产团队、负责任的产品负责人和持续改进的组织。

# 4.1　在 LeSS 中团队按客户价值组织

在规模扩展时，以下这些原则与组织有关：

**以客户为中心**——在小型单团队的产品开发中，围绕客户价值组织团队是微不足道的。随着团队的增多，团队们就愈加变得像大型开发机器中的齿轮。如摩登时代中的查理·卓别林一样，拧螺丝是他的工作，他不会知道客户将如何使用产品……或者实际客户是谁。那么该如何扩展并保持始终以客户为中心呢？

**大规模 Scrum 也是 Scrum**——我们曾经访问过一个想要采用 Scrum 的团队。我们教他们 LeSS；当时他们大声问："LeSS 能让我们像以前只有一个团队时一样工作吗？"我们回答，"是啊。"当公司快速发展时，它会引入"专业管理层"，以及项目、计划、投资组合和其他治理层。这种额外的结构损害了公司的核心价值——制造伟大的产品。我们如何保持扩展的Scrum 像 Scrum 一样简单呢？

**系统思维和整体产品聚焦**——传统组织中包含大量的局部优化，例如不懈地追求和优化个人的产出。如何构建组织，使其更加关注整体产品并不断地交付客户价值呢？

## 4.1.1　LeSS 规则

用真正的团队作为基本单元来构建组织。

每个团队都是自管理的、跨职能的、同地点的、长期的。

大多数团队都是以客户为中心的特性团队。

## 4.1.2　指南：建立团队型组织

中松义郎是软盘的发明者。他还有其他许多发明包括防止人睡着的枕头，激活大脑的香烟，以及内置磁铁的避孕套等。他声称自己以拥有 4000 多项专利而创造了发明数量的世界纪录。他是现代"疯狂科学家"的典范……但大多数发明，以及大多数软件开发，都是由团队而不是个人完成的。

产品是由团队创建的，但传统（西方）的组织却是围绕个人负责制而建立的。经理要对团队个人表现负责，这反映在诸如给个人分配工作、个人绩效考核和个人奖励等做法上。这些做法有利于个别疯狂的科学家，但不利于促成运作良好的团队，让团队为实现他们的目标承担共同的责任。

基于团队的 LeSS 组织具有以下结构：

- ❏ **专门团队**：每个团队成员都将 100% 的时间奉献给一个且仅一个团队。这可能会让人感到不灵活，但如果希望团队成员对团队目标承担共同责任，对团队的工作方式拥有所有权——自己负责自己的流程，那么他们就必须专心致志。

- ❏ **跨职能团队**：每个团队都拥有或需要获得生产可交付产品所需的所有职能性技能。从职能角度来看，传统的职能性专门团队可能会让人觉得最"有效"，但是产品开发中的大多数工作量或问题都用在或出现在这些职能交接上，因此如果希望团队专注于整体可工作产品，那么他们必须是跨职能的。

- ❏ **同地点团队**：每个团队都置于同地，同一房间<sup>⊖</sup>。这听起来可能不太合理。在当今全球化的世界里，难道不想在那些杰出人才的所在地用人吗？不，我们希望有最好的团队，希望团队成员为团队的产出承担共同的责任，并互相学习。分担责任需要信任，人类更有可能通过密切合作和面对面的交流建立信任。合用同一地点还能促进更快的反馈和团队学习，这正是持续改进的本质。

- ❏ **长期团队**：团队成员永远在一起。这可能会让人觉得是一种理想主义，但如果想让团队关心他们如何作为一个团队来工作，那么就需要有稳定性。任何一个曾经在真正长期的团队中工作过的人都知道，随着团队成员不断地相互了解，不断地学习如何共同开展工作和改进工作，团队就会变得更加出色。

这种基于团队的组织结构具有明显的优势，但也可能会引起有趣的动态（dynamics）。认识到这些动态是很重要的，因为有时它们是反直觉的，会引起组织焦虑。描述如下。

**具有学习能力的人类胜过"单一技能的资源"**——组织经常把人看作是"人力资源"，这样等于把人与金钱、机器和备忘录归为同类。资源只有一项技能，例如，机器做它所要做的事情，当需要它做别的事情时——那就需要一台新机器到位。人天生就相当缺乏技能。但是人类拥有一项非凡的元技能：获得新技能的能力。这种能力对于那些目标灵活可变的组织来说是最基本的。拥有专注、长期的团队会自动让人们实践这些学习能力。

**团队胜过作为"资源配置"单位的个体**——资源配置是决定哪些人应该被放在某个产品上工作的过程，通常基于个体。当采纳基于团队的结构时，问题将不再是"我们需要哪些人？"而是"我们需要哪些团队？"

**将工作交给具有创造力的团队胜过为工作而创建团队**——传统组织会建立项目组，其中有为开发新功能而配备的精准技能组合和人员。但是，拥有长期团队的组织不会重新划分组织，而是划分工作，把划分好的工作交给学习强和适应强的已有团队。

**稳定的组织胜过动态矩阵式结构**——不断变化的组织结构不会带来灵活性，而会造成混乱。相反，真正的组织灵活性在于工作能够以有意义的、以客户为中心的方式进行划分，然后把它交给恰当的团队，这些团队通过使用其学习能力来弥补缺失的技能。效果如何？LeSS 组织放弃了基于矩阵的结构而支持稳定的组织结构。

---

⊖ 这并不意味着所有的团队都必须在同一个地点，尽管很显然是首选。不幸的是，多地点开发在 LeSS 组织中司空见惯。

### 4.1.3 指南：了解特性团队

大多数大型产品组都是按照我们称为组件团队的模式围绕技术建立的。LeSS 产品组则是按照我们称为特性团队的模式围绕客户价值建立的⊖。从围绕技术组织到围绕客户价值组织无疑是一种极其深刻的转变。

**什么是特性团队?**

特性团队（参见图 4-1）是一个稳定的、长期的团队，它交付以客户为中心的端到端的产品功能⊖。特性团队在每个 Sprint 交付已完成功能。

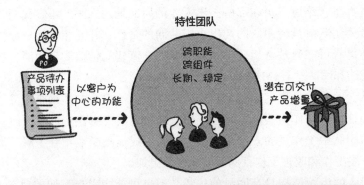

图 4-1 特性团队

特性团队具有以下优势。

❏ **明确的职责**——特性团队的目标是明确的。功能，即产品待办事项列表条目，应该在 Sprint 结束之前完成。为实现这一目标而需要做的一切都属于团队的责任范围。这简化了计划工作并解决了依赖关系。

❏ **目标和客户聚焦**——特性团队使用客户语言来交流。他们为真实的人创造功能来改善他们的生活，而不是为了技术而创造技术。这种增强的客户关注度和目标使团队能够使用客户语言直接与客户进行交流和合作，并且共同创造最佳产品。这一点强而有力。

❏ **灵活性和学习能力**——不再需要地狱般痛苦的计划，也不需要庞大的依赖矩阵。需要做一个新功能吗？找一个合适的团队⊖。团队可能不会恰好具备所需的技能，故而

---

⊖ 我们已经就这两个模型写了大量的文章。接下来的内容是对早期工作的总结。有关详细的处理方法，请参阅《精益和敏捷开发大型应用指南》，或 LeSS 网站（less.works）上的特性团队部分，或 featureteams.org。

⊖ 注意，这并不意味着任何团队都可以交付任何功能。团队可以专门开发某些类型的功能，只要交付的东西仍然是高价值的。

⊜ 了解特性团队很重要的一点是，在团队之间不要随机地分配开发任务或功能，需要考虑到他们的技能和经验。

这正是他们实践自己学习元技能的能力的时候。

对特性团队的一个常见误解是，团队拿到一个涉及整个系统的庞大功能，他们必须到处做更改。而情况并非如此。相反，大型功能必须首先被分解，然后再将分解后较小的、以客户为中心的端到端部分交给特性团队。关键的区别是要把工作分解成以客户为中心的部分，而不是分解成组件（参见 9.2.5 节）。

要想向特性团队转型需要彻底了解他们的工作方式和工作原因。我们总结了特性团队和组件团队的区别，并简要分析了它们的优缺点。特性团队也有缺点，并非解决所有问题的捷径。在组织中采用特性团队需要用长远的观点来看待。

### 组件团队模型

组件团队围绕体系结构而建，如图 4-2 所示。每个团队都是系统或技术的一部分，可以是前端对应后端，Java 对应 C++，或者更一般的组件（模块、子系统、框架、库等）。

这是大多数产品组的默认设置，具有以下优点：

❑ 清晰的代码 / 设计所有权
❑ 清晰的边界（每个团队都是在自己的沙箱中工作）
❑ 深度专门化

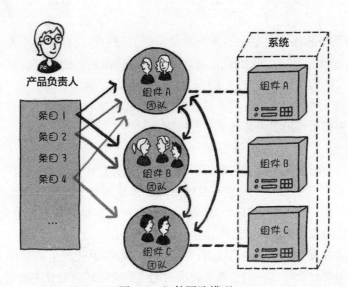

图 4-2　组件团队模型

这些优势并非没有显著的成本：

**清晰的代码 / 设计所有权**——拥有代码 / 设计所有权意味着明确的身份和清晰的责任。当代码出现问题时，我们显然有责任修复它。

事情的另一面则是，只有一个团队可以修改代码，这会导致效率瓶颈。而且，即便对代码 / 设计做了修改，其所有者也不会收到太多关于修改的反馈，因为没有人真正关心他们的代码。

**清晰的边界**——我们有自己的领域，在这里可以做任何我们想做的事情，其他团队不会干扰我们的工作。

事情的另一面则是，集成不仅仅是把所有的东西堆在一起。当集成失败时，弄清楚谁对什么负责是痛苦和耗时的。LeSS 避免使用沙盒方式，而是以整体产品为重心，并且持续集成，降低产品风险。

**深度专门化**——我们的系统很复杂，没有人能理解所有的东西。我们的团队有自己的领域，多年来我们一直在这个专业领域工作，并且这工作还在渐渐地变得更好、更有效率。

事情的另一面则是，专门化只是一个维度，即技术维度。专门化的这种优势（局部效率更高）是有代价的，因为在其他方面不够专业。在后面的 4.1.5 节中将对这一内容进行更多的介绍。

组件团队模型存在一些严重的缺点<sup>⊖</sup>：

- ❏ 不平衡和不同步的依赖关系
- ❏ 关注产量而不是价值
- ❏ 导致顺序生命周期和长发布周期

对这些缺陷及其典型的解决方法进行的分析表明，要让"敏捷"组件团队很好地工作也许是不可能的。

**不平衡和不同步的依赖关系**——客户需要功能，而这些功能往往涉及多个组件。这便引起团队之间的依赖关系。这些依赖关系是：（1）不平衡的，例如，僵尸团队有大量的工作，但是吸血鬼团队的工作却很少；（2）不同步的，例如，木乃伊团队有一些工作依赖于狼人团队，但因为狼人团队有更重要的条目要做，所以他们暂时不会做木乃伊团队依赖的那部分工作。这就对协调和代码集成造成了严重挑战。

典型的答案是：（1）加强计划工作；（2）创建新的协调角色；（3）创建"项目团队"并举行定期的状态更新会议。所有这些所谓的解决办法都是徒劳无益的，因为依赖关系永远不会随时间的推移得到解决，而且现有系统中的各种快速修复代码会导致痛苦和可怕的冲突。读者也许觉得我们有些夸大其词，但是，如果仔细观察整洁状态报告之下的真实情况，即使是多年使用这种模型的团队，恐怕也是一团糟。

**关注产量而不是价值**——技术层面的专门化可以增加以代码生成量作为衡量标准的产出，但这并不等于客户价值，特别是当对效率的优化影响到功能的优先级时，客户是喜欢大量代码（效率优化的结果）还是有价值的功能（优先级的确定）呢？

**导致顺序生命周期和长发布周期**——原始客户需求分析由谁完成？谁为组件团队定义技术组件工作？谁将集成和测试以客户为中心的整体功能？分析团队，架构团队，以及系统测试团队？这等于又返回到了顺序生命周期的时代：职能切换问题随处可见，再加上长发布

---

⊖ 较完整的清单可以在《精益和敏捷开发大型应用指南》的特性团队章节，或 LeSS 网站（less.works）上的特性团队部分找到。

周期的附加延迟，简直是雪上加霜。

这些缺点众所周知，在组件团队模型中没有快速解决方法，当转向特性团队模型时它们便可得到避免。

**特性团队模型**

特性团队围绕客户价值而建，如图 4-3 所示。每个团队都可以专门围绕客户域中的一种或多种类型的功能开展工作。这种团队可以是故障诊断团队、债券交易团队或系统管理团队等。

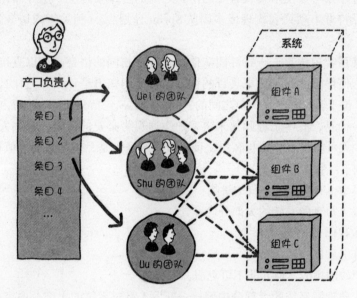

图 4-3　特性团队模型

特性团队的优势：

❑ 明确的功能所有权

❑ 不存在导致延迟的依赖关系

❑ 开发组织使用客户语言

与组件团队模型一样，这些优势也不是没有代价。

**明确的功能所有权**——由谁负责确保以客户为中心的整体功能能够在现有系统中正常工作？许多组织都喜欢在集成时玩乒乓游戏，把责任不断推给其他团队。这种机能失调的行为在特性团队中是不存在的，因为责任始终由特性团队承担。

事情的另一面是，特性团队要基于多个组件开展工作。而与此同时，其他团队也在处理相同的组件，这会影响组件的设计 / 代码，但这种影响对设计 / 代码的改进是有积极意义的。不过还是有许多人担心这会导致更大程度的混乱。采用单元测试、无情重构、持续集成、多团队设计研讨会和演进设计等现代开发实践，可以防止组件退化，使产品健康成长。

此外，当团队对要更改的组件尚未熟悉时，组件导师和组件社区可以为其提供知识和支持。（有关组件导师和多团队设计会议的内容请参阅第 13 章。）

**不存在导致延迟的依赖关系**——由于某个功能的需要而不得不对某个组件进行更改时，特性团队将负责更改组件，而不必等待另一个团队为他们做修改。于是在交付客户功能时，减少了对同步化的要求，进而从根本上缩短了从功能请求到价值交付的时间。

事情的另一面是，需要支持共享组件或平台。如果每个特性团队只专注于实现自己的功能，那么这可能会导致相同的功能被实现多次。他们失去了与其他团队合作的机会。这种情况可以通过加强与该技术实现有关的团队之间的合作来解决。这方面比较有用的技巧包括多团队产品待办事项列表梳理或多团队 Sprint 计划二。（相关指南请参阅第 11 章和第 13 章。）

**开发组织使用客户语言**——特性团队使用与客户相同的语言，可以直接要求客户对需求加以澄清。这使得团队的工作更具目的性，因为他们知道是什么、为什么以及它为谁构建。这还减少了位于客户和开发人员之间的一些间接层，包括分析师、产品和项目经理等。

事情的另一面是，有些工程师从未将客户沟通视为必要的技能。有些人可能不愿意与客户交谈，有些人可能没有能力与客户交谈。我们的经验是，拓宽技能是值得去做的事情，尽管一开始感到不舒服。

特性团队模型也有来自其自身的挑战：

- ❑ 需要开发人员理解系统的大部分内容
- ❑ 可能导致代码 / 设计混乱
- ❑ 影响工作分解的方式

这些都是严峻的挑战，但并非不可克服。

**需要开发人员理解系统的大部分内容**——开发人员对系统的大部分内容都要有所理解，但一个常见的误解是开发人员或团队必须理解整个系统。这是不真实的。团队中的人员有他们的主要专业，团队也有团队自己的专业领域。设想一个有 50 个组件的系统。传统上，一个开发人员可能能够很好地理解 1 个组件。在特性团队里，他需要深入理解其中的几个，也许有十几个，这些只需简单理解即可。但他不需要知道所有 50 个（参见第 13.1.9 节）。

**可能导致代码 / 设计混乱**——如前所述，取消组件所有权可能会导致代码 / 设计重视程度和质量的下降，这源于"共担责任即无责任"的思想。但卓越的技术和现代发展实践可以防止这种退化。此外，有时这种下降并不会发生，因为开发人员知道其他人会看到他们的代码，所以自己必须付出额外的努力来维护自己的声誉。请务必激发这种代码自豪感。（有关实践，请参阅第 13 章。）

**影响工作分解的方式**——对于组件团队，开发工作会被分解为多项技术组件任务。这通常由单独一个人或小组来完成：架构师、分析师或规格制定者。这种分解方式对于特性团队来说是不需要的。工作仍需分解，但分解是基于客户域进行，并且是在产品待办事项列表梳理会议中完成的。以客户为中心的分解并不难，但却很独到。如果不理解以客户为中心的分解，那么特性团队可能会令人无法想象。

这些挑战实实在在地存在，但却是可以解决的。特性团队转型对于 4 个团队的 LeSS 采用并不困难，但另一方面，对于 100 个团队的 LeSS 采用，它将需要数月乃至数年的时间。但最终是能做到的，而且收益是切实的。

**组件团队和特性团队中的依赖关系**

图 4-4 显示了两种模型；比较可以产生重要洞察。

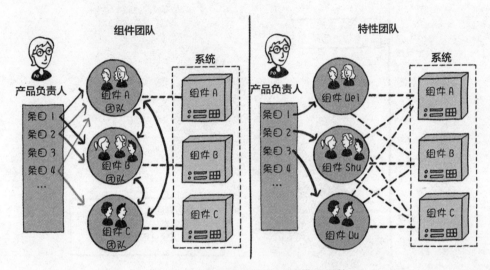

图 4-4　特性团队和组件团队模型比较

组件团队的一个主要问题是，在组件涉及面向客户的功能时，相关团队之间的依赖关系具有异步特质。特性团队解决依赖关系；在没有依赖关系阻碍的情况下，团队之间通过共享工作相互受益。如果使用源于 20 世纪 80 年代的开发实践——在编写代码之前编写大量纸质文件，并且仅在编码完成之后才集成所有部分——那么这种共享工作会引起很大的痛苦，因为看不到可工作的产品，做这些共享工作如同摸着石头过河。但是，有了现代敏捷开发实践——专注于干净的代码、无情的重构和持续的集成——这种共享工作就变成真正共享合作的机会。组件团队的功能依赖关系无法解决，因为这种依赖关系本质上是结构性和系统性的[⊖]。

因此，LeSS 要求团体的主体是特性团队。

### 4.1.4　指南：特性团队采用路线图

什么是组件？什么是功能？什么是职能专门化？到目前为止，我们把它们看作是二元化问题，但问题的答案不是二元的，它们存在于连续的统一体之中。一个团体的工作范围可能

---

⊖　我们已经看到组织一次又一次地尝试解决组件团队的缺点。但问题从来没有得到过解决。所以很不幸，许多组织不得不自己去学习，在教训中成长。

限于一个单独的类别，而另一个团体可能在开发整个子系统，它们都是不同类型的组件团队。

职能专门化也存在规模扩展的现象。例如，有些产品组设置五个级别的测试，这让"在团队中包含测试工作"的含义变得非常模糊！

把这些不同的规模绘制在图中，如图 4-5 所示，有助于领悟特性团队的采用和组织变革的类型。

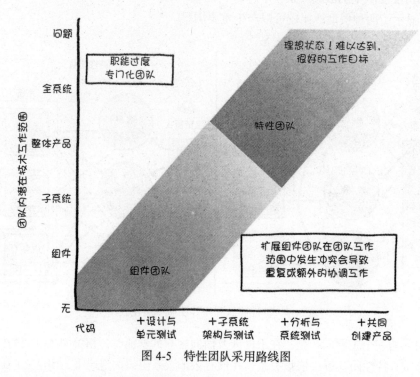

图 4-5　特性团队采用路线图

Y 轴代表团队随着体系结构的分解和产品定义的扩展而逐渐增加的工作范围。X 轴表示团队随着完成定义的扩展而逐渐增加的跨职能程度。

在图 4-5 中有四个部分：

**组件团队**（component team）——符合以下情况的任何一个团队都属于组件团队：（1）专注于开发产品的某些部分而不是面向最终客户的功能；（2）专注于完成任务而不是交付产品增量。工作范围越小，专门化程度越高，组件团队的问题就越大。

**特性团队**（feature team）——任何以整体产品为焦点，参与以客户为中心的功能澄清，并测试这些功能的团队就是特性团队。特性团队的规模有大有小，团队可以被限制为仅实现他们需要的功能，也可以在产品定义足够宽广时，参与识别和解决客户的实际问题，并因此共同创建整个产品。

**职能过度专门化团队**（functional overspecialized team）——任何在较大需求范围内执行有限任务的团队都可能存在职能过度专门化的问题。这会导致由于交接而产生的大量浪费，是应该避免的。

**扩展组件团队**——对于任何团队，若其组件工作范围有限但又要负责检查其部件能否在较大产品中运行，那么这样的团队就是扩展组件团队。这类团队既有有限的"组件范围"，又有"整个产品范围"，两种范围会产生冲突。这种冲突会导致重复工作，因为多个扩展组件团队创建相同的测试；或者额外的协调工作，因为多个扩展组件团队不得不协调他们的"以产品为中心"的测试。需求澄清也存在同样的范围冲突。产品负责人需要提醒团队，在 Sprint 结束时所计划的条目应该完全"完成"。这些团队与基本组件团队相比有一定的改进，但还远不能提供特性团队所能带来的好处（参见 8.1.11 节）。

完美的特性团队是一个跨整个系统工作的团队，他们与实际用户共同创建产品。这是一个美好而又很难达到完美的目标。

### 示例

有了这个完美的目标，上面的图 4-5 就能用作真正的特性团队采用路线图了。接下来将探讨两个例子。

图 4-6 中的特性团队采用路线图来自一个采用巨型 LeSS 的大型电信产品。采用 LeSS 前，他们的团队是传统的组件团队。开始采用 LeSS 时，他们首先选择了扩展团队功能范围的采用策略，并创建了扩展组件团队。他们未来几年的目标是转型为全产品范围的特性团队。但是，他们的产品中存在一些由其他同级产品组创建的共享组件，并且这些组件很难包括进来，因为要这样做就需要进行非常重大的组织改变。于是，决定把这些组件排除在当前目标之外。

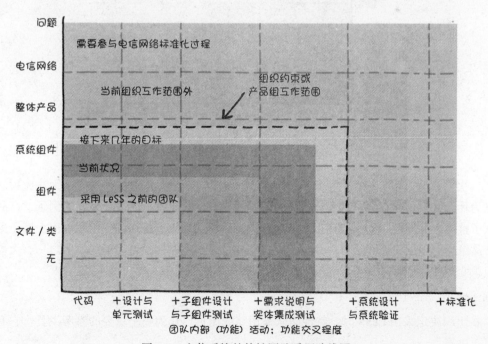

图 4-6　电信系统的特性团队采用路线图

系统范围的扩展不是一件容易的事，因为这会涉及每一个包含数百万行代码的多个代码库，还有大量的专门化职能部门，以及数千人的全方位重组。因此，跨产品组的协调和集成活动很可能持续十多年，自始至终都会令人头痛。

图 4-7 的特性团队采用路线图来自一个交易产品，其采用的是巨型 LeSS，但规模非常小。出发点与电信产品组相同，但他们决定使用"一次完成"的战略。向生产环境部署仍不在特性团队的职责范围之内，这一点在不完整的完成定义中做了解释。

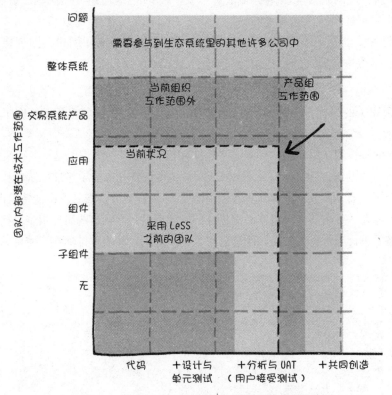

图 4-7　金融交易系统的特性团队采用路线图

一次完成的巨型 LeSS 采用，其需要做出的改变对于组织来说往往过大而无法应付。这就是为什么我们不建议用一次完成方式采用巨型 LeSS 的原因。这是个很好的例子，产品组建立了整体产品特性团队，但存在一个例外：有一个相当重要的组件在组织层面上属于另一个产品组。对组织，尤其是对产品组实施强制变革是引发采用最终后退的原因之一，大规模的组织变革往往会带来复杂恶劣的工作环境。

**帮助决策**

在组织决定采用 LeSS 时，特性团队采用路线图可以作为一个重要的参考工具。它有助于以下决策：

❏ **什么是"全部"？**——采用小型 LeSS 框架要求对特性团队的变革能够一次到位。"全部"所包含的内容取决于特性团队的工作范围。

❏ **未来改进目标**——像电信产品组织一样，该路线图可用来设置未来目标。这些未来目标往往与完成定义的扩展齐头并进。路线图还展示了预期的变化和可能面临的困难，因为要想扩大到目前组织范围之外就需要艰苦的"政治性"工作。

❏ **LeSS 还是巨型 LeSS？**——特性团队的产品范围大小会影响采用的规模，LeSS 团体可以被取代并转变为采用巨型 LeSS 的团体。例如，网络性能工具是一种以客户为中心的产品，其开发组的规模决定了他们只会采用小型 LeSS 框架。但是，当他们意识到该产品"总是"作为网络管理系统的一个集成部分销售时，产品范围就发生了变化，他们可能因此而决定采用巨型 LeSS。

## 4.1.5　指南：客户领域专门化优先

特性团队背后的一个基本概念是对客户领域而不是技术领域组织和实施专门化。同样的概念也可用于指导其他 LeSS 的组织结构决策。

人们常常会产生一种误解，认为特性团队会完全放弃职能专门化。这种误解的一部分原因来自于错误的二分法，即要么专门研究一个组件，要么根本不做专门的研究——这一点在关于特性团队的部分已经做了详细介绍。误解的另一部分原因来自于这样一种信念：专门化是一维性的，即专门研究一个组件。但其实专门化是多维的。探索这些维度可以帮助组织决定如何在这些维度之间做出更好的平衡。

传统的专门化思维几乎完全围绕职能技能或组件，例如在特性团队采用路线图中所示的那样。但专门化还存在其他多个方面，包括编程语言、硬件、操作系统、API、市场、客户类型和功能类型。它们可以分为面向技术的（组件、操作系统等）；或面向客户的（市场、功能类型等）。从这些维度观察特性团队的采用，可以得出图 4-8 中的图表。

LeSS 可以将用户和开发人员更紧密地联系在一起。在传统的大型产品组中，用户的观点几乎总是会被遗忘。特性团队是一种按客户价值组织的方式，尽管不是唯一的方式。优先选择客户领域专门化的原则也会带来其他结构化决策。

例如：银行为移动设备创建银行服务移动应用程序。团队通常按平台来组织，如 iOS 团队和 Android 团队。这些团队是特性团队，他们在技术方面（即平台）非常专业。另外，他们也可以按客户域来组织，例如移动支付、管理和报告。这种做法的结果是，团队可以在多个平台上实现相同类型的功能，而不是在一个平台上实现多种类型的功能。

哪个专门化维度更好呢？传统的组织往往倾向于技术

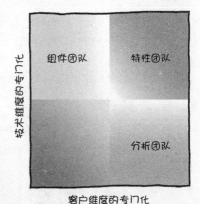

图 4-8　专门化的两个维度

维度的专门化。为什么？也许人们认为技术更难，因此专门从事这方面的工作会带来更快的开发进度？ LeSS 更倾向于在客户领域进行专门化，以增加与实际用户的协作，消除交接开销，并使工作更有意义。让我们来探索另一个例子……

我们曾与一家开发图形卡的公司合作过。他们的组织是围绕技术建立的：（1）硬件团队；（2）Linux 驱动程序团队；（3）Windows 驱动程序团队。这些都是组件团队，若想迁移到特性团队，则需要建立一个跨功能的硬件/软件团队。本来是可行的，但由于文化原因这在大多数硬件公司很难实现。软件团队还专门负责驱动程序 API 的开发。该组织的前提假设是，学习操作系统驱动程序 API 比了解硬件（公司的产品）更重要、更困难。LeSS 倾向于围绕客户建立组织，因此可供参考的团队组织机构是 2D 图形芯片团队和 3D 图形芯片团队。

技术专门化和客户专门化之间的完美平衡是什么呢？做决定一定会艰难，只是当采用 LeSS 时，更倾向于客户领域的专门化。

## 4.1.6　指南：LeSS 组织结构

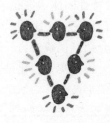

这一切如何在组织结构中融合在一起呢？当然，每个组织都是不同的，但 LeSS 组织倾向于遵循一种极其简单的结构。LeSS 组织与大多数传统组织之间的首要区别是，其结构是稳定的，因为工作是围绕团队来组织的，而且技能不匹配会触发现有团队内部的学习和协调。

图 4-9 显示了一个典型的 LeSS 组织结构图。

图 4-9　典型的 LeSS 组织结构图

注意这里没有什么：

❑ **没有职能组织**：如果让具有编程技能的团队成员向开发经理汇报，同时让具有测试技能的团队成员向 QA（质量保证）经理汇报，则不会创建出优秀的团队。为什么？如果 QA 人员因为团队工作而忠诚于团队，又因为职能专门化而忠诚于 QA 经理，那么这两种忠诚之间就会出现忠诚度矛盾。LeSS 组织通过取消职能组织而创建跨职能直线组织来避免这种冲突。

❑ **没有项目 / 计划组织或项目 / 计划管理办公室（PMO）**：这些传统的控制型部门在 LeSS 组织中将不复存在，因为其职责已经分布在特性团队和产品负责人中间。若坚持保留这些部门，则必将造成混乱和责任冲突。

❑ **没有诸如配置管理、持续集成支持或"质量和流程"等支持小组**：LeSS 组织倾向于通过扩大现有团队的责任来涵盖这类支持工作，而不是创建包含各种专门小组的更复杂的组织。专门的支持小组往往拥有自己的领域，这会导致他们变成一种瓶颈。

让我们仔细观察一下 LeSS 组织……

**产品组领导**——经理角色在大多数从事产品开发的 LeSS 组织中仍然存在，包括"产品组领导"。他们通过"现场观察"的方式为团队提供支持，帮助其消除障碍，提高能力（我们将在第 5 章中介绍经理职责）。LeSS 组织不设矩阵结构，也不设虚线经理<sup>⊖</sup>（dotted-line manager）。

"产品组领导"的名称可能会让人感到困惑，原因之一是不同的组织对它使用了截然不同的术语。我们这里的"产品组领导"指的是所有团队共同的那一个直线经理，而无论其他组织把它称为什么。

**特性团队**——这是完成开发工作的地方。每个团队都是跨职能、自管理的特性团队，包括一个 Scrum Master。他们是在产品的生命周期（有时更长）内一起工作的永久单元。建议产品组领导正好是所有成员的直接经理。在我们见到过的、一个有着 150 人的组织里，因为团队接管了大多数管理活动，所以只设置了一个直接经理来管理所有人。但一些规模较大 LeSS 组织会设置一些额外的团队直线经理结构。只要有可能就应避免额外的组织复杂性。

**产品负责人（团队）**——通常也称为"产品管理者"。它可以只是一个人，但在较大的 LeSS 组织中，产品负责人常常需要其他产品经理的支持。

在这种组织结构中，有一点非常重要，即团队和产品负责人是对等的——他们没有层级关系。我们发现，在角色之间保持权力平衡至关重要。团队和产品负责人之间应该是合作型的对等关系，共同构建尽可能最佳的产品，对等结构能够很好地支持这一点。在第 8 章中将对此做进一步探讨。

这种组织结构在产品公司中尤其常见。对于内部开发部门，另一种常见的做法是产品负责人被放在其他组织，主要是业务方面的组织中。因此，他不在产品组领导的层级范围之

---

⊖ 虚线经理指矩阵结构型组织中，与汇报人的一线直线经理平级的、负责汇报人业务的经理。——译者注

内。尽管为了让产品负责人与 LeSS 团队保持密切往来，经常需要付出一些额外的努力，但这种做法还是值得推荐的（参见 8.1.2 节）。

**未完成部门**——理想情况下，此类部门不应存在。

不幸的是，有时候团队还无法在每一个 Sprint 中创造出真正可交付的产品增量。这表明他们的"完成定义"与"潜在可交付"还不相等，由此产生的两者之间的区别被称作未完成工作。但总是需要有人来完成这些未完成工作，一个常见的"解决方案"是创建独立的团体来完成"未完成工作"，即未完成部门。更多相关内容，请参见第 10 章。

诸如测试、QA、架构或业务分析等未完成部门永远不应存在于小型 LeSS 框架组织中，而应该一开始就集成到特性团队。另一方面，不幸的是，我们经常看到在 LeSS 采用过程中仍然存在运营或产品未完成部门，存在的原因是这类部门通常需要跨越组织边界开展工作，不能集成到特性团队中。

每个 LeSS 采用都有一个目标，即去除未完成部门。这需要多长时间呢？答案在很大程度上取决于组织提高自身能力的速度。

## 4.1.7 指南：LeSS 多地点

我们在与一家在线游戏公司合作时遇到这样一个情景。一个新加入公司的产品负责人问："我的团队在哪里？"有人马上列出了东欧的三个城市。她问："到第一个城市的航班需要飞多长时间？"她的问话把大家逗笑了，因为答案是，"那里没有航班，也没有机场。你必须先飞到基辅，然后坐三个小时的火车！"新产品负责人大吃一惊。后来那个网站被关闭了。

产品开发最好只使用一个地点。然而，也有很好的（但太多就不好了）原因支持建立多个地点。可以把以下原则用作地点设立策略：

**减少地点**——多地点的设立可能会由于外部因素而不可避免。即使在这种情况下，也要坚持明确的政策，即尽可能多地使用同地点。关闭较小的地点，并且至少减少时区差异。

**减少时区差异**——时间是比距离更大的障碍。虽然不如在白板上面对面地交流，但通过视频和文字聊天等方式毕竟可以缓解物理距离带来的问题。但是唯一克服时差的方法只能是改变人们的工作时间。大多数团队不喜欢这样做，因此大时差必然会导致沟通有一天的延迟。

**同地办公**——团队成员共同负责团队的工作。分担责任需要有高度的信任。不幸的是，距离会滋生不信任，因为人们很难信任他们看不到的，与他们不能直接互动的人。另外，一个团队中的人也需要在一起相互学习。

**不要让地点只配备专项职能技能**——不幸的是，地点之间常见的分工是基于职能专门化的，例如有一个开发地点和另一个（更便宜的）测试地点。这种分工在 LeSS 中不可用，因为它导致每个跨职能团队都会有一些成员分布在多个地点。

**不要让地点专门开发组件**——决定"地点工作职责"的另一种常见方法是利用体系结构图，将体系结构的不同部分分配给不同地点。这在采用特性团队时是不可用的。

## 4.2　巨型 LeSS

规模扩展时，环境和问题包括：

**以客户为中心**——在大型开发工作中，当组织结构的改变导致团队离开客户而转向技术单一专门化时，客户就很容易被遗忘。如何防止这种情况的发生呢？如何让数千名开发人员与客户保持密切的关系呢？

**以少为多**——当规模扩展到巨型 LeSS 时，似乎不可避免地需要"一些"额外的组织结构。需求领域和领域产品负责人角色正好满足了这一点，同时又能保持框架小巧。

### 4.2.1　巨型 LeSS 规则

> 从客户角度看，强相关的客户需求按需求领域分组。
>
> 每个团队专门负责一个需求领域。团队应长时间固定于一个领域。当其他领域价值更高时，团队可能会因此而改变其需求领域。
>
> 每个需求领域有一个领域产品负责人。
>
> 每个需求领域有 4 ～ 8 个团队。应避免超出这个范围。

### 4.2.2　指南：需求领域

需求领域是从客户角度看逻辑上可归为一类的产品待办事项列表条目的分组，例如交易处理或新市场启动。管理需求领域时，就如同该领域有它自己的产品，采用它自己的（小型）LeSS。需求领域包括：

- ❑ **领域产品待办事项列表**——产品待办事项列表在一个需求领域的子集。它不是独立的待办事项列表，而是产品待办事项列表的逻辑视图，但可以作为独立的待办事项列表进行管理。这将在第 9 章中进行介绍。
- ❑ **领域产品负责人**——专门负责客户需求逻辑领域的独立"产品负责人"。领域产品负责人承担团队产品负责人的责任。她还作为产品负责人团队的成员与总体产品负责人及其他领域产品负责人合作，以保持整体产品聚焦。在第 8 章中将对此加以介绍。
- ❑ **特性团队**——专门负责产品的一部分，同时还能使用客户语言的团队。每个团队只属于一个需求领域。

当扩展到"8"个团队以上时，需要创建巨型 LeSS，这时，需求领域是 LeSS 最主要的一种补充结构。需求领域的创建旨在解决扩展 LeSS 时遇到的以下问题：

- ❑ **产品待办事项列表过大：** 假设每个 Sprint 中每个团队有 4 个条目，已经澄清过并且准备好了的条目数量可供 3 个 Sprint 使用，一共有 20 个团队。这意味着在产品待办事项列表中细粒度部分有 240 个条目。可以看出，在细粒度部分中包含了太多的条目，更不要说还有许多条目不太精细，所有这些使得产品待办事项列表变得不可管理。

❑ **产品负责人支持的团队过多**：一个产品负责人与多少个团队合作算是合适呢？如果产品负责人不参与每个条目的详细澄清，而只是关注优先级、客户和团队协作，那么我们认为，合作团队数量的临界点在 5 到 10 个之间（例如 "8"）。除此之外，还有太多的事情要做，从而保持内外焦点的平衡和可持续发展。

❑ **会议太拥挤**：如果 20 个团队中每一个团队都派两名团队代表参加 Sprint 计划会议，可以想象这样的会议有多大。很难保持这种规模的会议富有成效且重点突出。

❑ **团队缺乏焦点**：当团队过于频繁地改变焦点或者覆盖的某个领域太广时，他们会感到沮丧并且在行动上变得较为迟缓。在这种情况下，组建面向客户领域的专门化团队，有助于创造出焦点，使团队变成一个高效的团队。

图 4-10 中的例子展示了需求领域的组织结构：

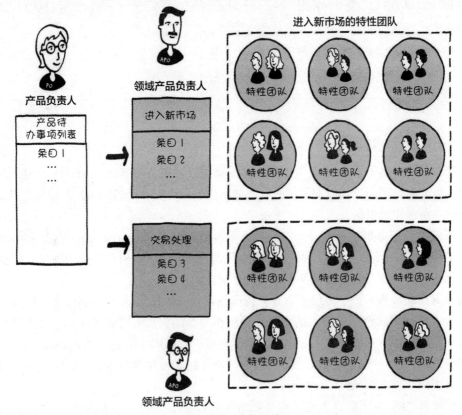

图 4-10　需求领域

产品待办事项列表包含所有的产品待办事项列表条目。每一个条目分配给一个且仅一个需求领域。每个需求领域拥有一个领域产品负责人，该需求领域中的所有条目构成了该领域产品待办事项列表。每个团队长期属于一个需求领域。

总体产品负责人监控所有领域中条目的价值。当领域之间的价值差异变得过大时，产品负责人可以将团队移动到另外的领域。通过这种方式，产品负责人可以全面关注到整个产品的投资回报。

### 4.2.3　指南：需求领域的动态性

一个需求领域通常包含 4 到 8 个团队。但是为什么是四个呢？需求领域较小时不可避免地会导致缺乏透明度和局部优化。那又是为什么？让我们首先探讨需求领域的演变过程（参见 2.3.6 节）。

**出生**——新需求领域的生成方式有两种：

❑ 需求领域成长为"大块头"，可以将该领域待办事项列表中的条目分组，最好通过自然的方式将其分解为两个较小的需求领域。这是创建新需求领域的首选方式，也是 LeSS 采用增长到巨型 LeSS 的方式（参见 2.3.1 节）。

❑ 出现了一个与以前功能截然不同的、新的、可能很大的产品机会⊖。这种情况发生时，可以创建一个全新的需求领域，然后将 1 个团队移入其中，并逐渐发展为至少 4 个团队（参见 9.2.5 节）。

**中年**——在需求领域的整个生命周期中，其相对重要性通常会发生改变。这是因为客户不会那么整齐地将需求划分到需求领域中，反而是在一段时间内，有的领域的优先级升高，有的领域的优先级下降。总体产品负责人有责任认识到这一点，并通过将团队转移到最有价值的地方来动态调整需求领域。

当需求领域没有动态特征时，这暗示着可能存在更深层次的系统问题。

**退休**——需求领域很少会消失，因为该领域总是会有一些变化，哪怕很小。但它们会缩小到 4 个以下。然后呢？合并需求领域。取两个需求领域，将其范围扩展到相同的领域，然后合并领域待办事项列表，并让一个领域产品负责人继续负责。最好的情况是合并范围有一定的意义，但如果做不到这一点，那么取第一个需求领域的名称，加上"和"字，紧随第二个需求领域的名称就可以启动了。

那么，为什么要合并小领域，而且要避免小于 4 个领域呢？微小的需求领域会给总体产品负责人在处理跨需求领域优先级方面带来很大的工作量，不过至多如此。合并将导致需求领域快速变化（参见 4.1.7 节）。最坏的情况是，会丢失跨需求领域的优先级排序，随之而来的是丧失对产品待办事项列表的全局视角，不过这种情况通常不会发生。微小的需求领域通常是出现以下这些问题的信号：（1）独立需求领域的领域产品负责人过于强大；（2）缺乏客户焦点导致整个产品待办事项列表缺乏优先顺序；（3）领域产品负责人过多参与澄清工作，因而没有精力把控两个以上的团队。

---

⊖　这可能是一个全新的市场，也可能是一个疯狂的巨大功能，需要许多团队数月时间的工作。

### 4.2.4 指南：向特性团队转型

当采用（小型框架)LeSS 时，向特性团队转型是一次完成的。但采用巨型 LeSS 时，有多个转型策略可供选择。哪一个最好呢？通过下列简单的步骤可帮助组织确定最佳策略：

1. 认识环境
2. 确定转型策略

让我们来更深入地探讨这两个策略。

#### 1. 认识环境

转型到特性团队受以下几个因素影响：

**产品组的规模**——显然，由 10 个团队组成的产品组要比由 100 个团队组成的产品组更容易向特性团队转型。

**产品的生命周期**——对于可能继续存在 30 年的产品往往可以进行缓慢的改变，这也可以明显降低风险。只能存活几年的产品则必须加速改变。

**组件和职能专门化的程度**——专门化的方面越多，采用特性团队所需要的改变就越大。使用特性团队采用路线图来绘制一下组件 / 职能专门化的当前状况，这会有一定的帮助。

**开发地点的数量**——开发地点越多，特性团队的采用越难。当地点专用于某些组件或功能时，这一点则更加正确。这种地点专门化的做法是跨组件和跨功能学习的障碍。

#### 2. 确定转型策略

有三大转型策略：

**一次完成**——与 LeSS 采用相同，在巨型 LeSS 中一次完成转型的情况是不常见的，因为它需要大量的组织变革。但当产品团体相对较小，产品寿命较短，专门化程度较低，以及开发集中在同一地点时，一次完成则是一个良好的战略。但在一次完成的巨型 LeSS 采用中经常会出现一个错误，即低估学习和辅导所需要的工作量。

**逐步扩大组件团队责任**——可以借鉴特性团队采用路线图来描绘组织的当前状态，并在扩展团队职责范围这个未来目标上做个标记。跨职能扩展是通过扩展完成定义来实现的。更多相关内容，请参见第 10 章。

我们已经多次遇到过这种转型策略。它是可以工作的，但存在几个大的缺点：（1）它会给功能和组件团队带来一些障碍，而不是最好的收益；（2）当团队仍然是组件团队时，很难采用以客户为中心的需求领域。

尽管如此，在必须进行大量多地点学习的多地点环境中，这种转型策略仍不失为一个好主意。

**并行组织**——在此策略中，可以继续保留现有的组件团队组织，并逐步构建特性团队组织作为其并行组织（如图 4-11 所示)(参见 3.2.3 节)。

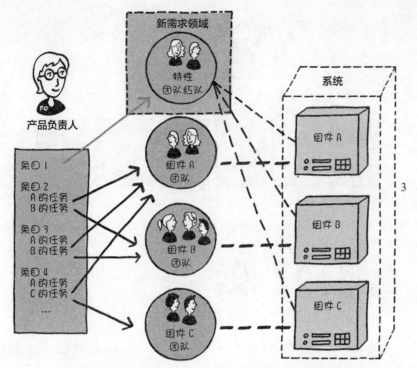

图 4-11　发展并行组织

现有的组件团队组织可以保持以前的工作方式，但是新的特性团队会修改"他们的"代码。新的特性团队承担着高价值功能的开发任务，但往往又很痛苦，因为这些功能有很多的依赖关系。他们跨组件工作，直接修改跨组件的代码。记住：可以为这些新生的特性团队寻找志愿者。

这种策略是渐进式的、低风险的，非常适合采用巨型 LeSS 的大型产品组。它最严重的缺点是什么呢？需要很长时间。

使用此策略时，需要为年轻的特性团队提供充分的支持，并且不要期望在早期有太多产出。他们必须解决诸多障碍，例如不同组件中的不同实践方法、不同的组件结构、不同的工具以及不同测试环境等。除此之外，他们还需要学习新的组件和新的职能技能。请给予他们大力的支持和充足的时间，因为他们是组织中所有弱点和功能障碍的信使。

### 4.2.5　指南：巨型 LeSS 组织

规模扩展时往往伴随着对额外组织结构的需求。在探讨典型的附加结构之前，我们需要强调，规模扩展并不必然意味对附加结构的需求。额外的结构通常会导致更为狭窄的责任，这给组织功能障碍和政治负担埋下了伏笔。要保持简单的组织设计。

基于这个警告，我们应该把巨型 LeSS 结构建立在 LeSS 结构之上。一个典型的巨型 LeSS 组织结构图如图 4-12 所示。

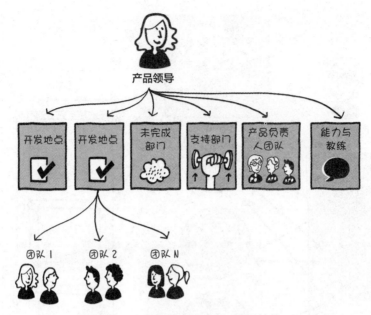

图 4-12　典型的巨型 LeSS 组织结构

请注意，这里仍然没有项目 / 计划组织（或 PMO）。在 Scrum 和 LeSS 采用中，这些部门不应存在。

让我们仔细看一看与 LeSS 组织不同的部分。

**研发地点团队**——巨型 LeSS 采用几乎总是多地点的，组织通常倾向于将直线组织设置在本地，以使经理们能够轻松地进行"现场观察"，并真正帮助团队改进。应避免将需求领域与组织结构等同起来，因为这会导致组织结构在需要时难以改变。

**产品负责人团队**——与 LeSS 结构中的概念相同。但该类团队的规模更大，因为它包括所有的领域产品负责人。在采用巨型 LeSS 的大型产品组织中，产品负责人团队可以根据需求领域设立多个产品负责人团队子团队。

**未完成部门**——与 LeSS 结构的概念相同。在巨型 LeSS 产品组中，往往会有多个较大的未完成部门，并且需要较长的时间才能摆脱它们。在采用巨型 LeSS 的大型产品组中，未完成部门往往还有额外的组织结构，并且可能继续使用其过时的项目管理实践。

**支持部门**——该部门为团队提供开发环境支持。在 LeSS 中，团队之间相互支持，而不需要独立的团体提供专门支持。但巨型 LeSS 组织通常确实会把有些支持部门集中起来，因为他们需要应对的工作量非常大。同样，这个部门应该足够小，并且处理问题的态度可以是"我们能帮什么忙？"而不是"就这样吧！"为什么这么说呢？支持小组往往是从团队手中接过最终的责任，他们很容易变成控制而不是支持特性团队的庞大且不断增长的可憎的团体。

配置管理支持是支持小组变成"控制"小组的常见例子。其拥有构建代码的所有权并创建所有构建脚本。结果呢？团队不知道"构建完成"意味着什么，也不知道为什么需要 92

分钟，也不觉得他们有能力把构建做得更好。这对团队来说如同魔法一般，他们无法控制。

配置管理支持小组对构建理解的局限性会导致瓶颈、效率低下、局部优化和权力丧失。配置管理支持小组应该是帮助团队改进构建的专家，他们应该向团队解释构建知识并教团队做更好的构建设计，而不必成为构建的所有者。他们可以与团队成员结对，观察团队成员的工作方式，以便共同设计和改进方法。

其他常见的支持小组包括试验室支持、持续集成系统支持或运营支持。

**能力和指导**——软件是由人创建的。提高人们的素质有助于提高产品的质量。这似乎显而易见，但我们很少能看到组织真正致力于不懈地培训和指导他们的员工。巨型 LeSS 组织设有专门的培训和辅导部门，这对持续改进至关重要。

能力和指导部门关注三件事：

❑ 观察（现场观察）
❑ 培训
❑ 指导

在传统组织中，培训和指导的请求往往来自于从不了解实际情况的经理，也来自于确实不了解实际情况的培训组。他们设计的训练活动可能与实际情况相去甚远，会浪费人们的时间。这不是个好主意。相反，能力和指导小组由熟练的实践者组成，他们积极观察人们的工作方式，并结对与人们一起工作，积极发现他们的培训需求。人们不要求培训其不知道主题是否存在的内容，也不要求培训其不知道自己不擅长的技能。

指导是关键！这是帮助团队改进的最有效的方法。教练与团队合作或者直接在团队中工作，他们通过观察、结对、问问题等方法帮助团队成长。他们能够就团队如何改进给出他们的观察结果、反馈意见、想法以及示例。指导分为三个层次：组织层面，团队和产品负责人层面，以及技术层面。所有这些层面都很重要。我们还没有看到一个没有经过积极指导就能成功的 LeSS 采用。

# 管　　理

> 流行但愚蠢的态度是，一个好的经理在任何地方都可以成为一个好经理，而不需要对他所管理的生产过程有特别的了解。
>
> ——爱德华·戴明

## 单团队 Scrum

Scrum 未提及经理角色，但 Scrum 是管理风格的变化，而不仅仅是一个开发框架。这种变化主要由以下三个 Scrum 元素引发：自管理团队、产品负责人和 Scrum Master。

对于自管理团队，团队的责任扩大到包括"管理和监测的过程和进展"[⊖]，而这些原本属于经理的职责。

团队所做的所有工作都必须来自产品负责人，而决定团队工作内容原本也是经理的职责。

机能失调的隔离式管理

Scrum Master 负责保证团队、产品负责人和组织能够有效地工作。她通过促进反思和学习来促进冲突的解决和改善。她是一名团队教

---

⊖ LeSS 使用术语"自管理团队"而不是"自组织团队"。在 Scrum 文献中，这些术语通常是混合使用或可以互换的。自管理团队有一个明确的定义：团队负责工作，监控和管理过程和进度。这个定义是由该术语发明者哈佛教授、团队研究专家哈克曼提出的。相比之下，自组织团队这个术语经常会被含糊地或不一致地使用。

练和组织教练。

　　传统的经理职责集中在要做什么、如何做和如何跟踪上。总之，所有这些不再成为 Scrum 组织中经理的责任。这样，管理风格就从命令和控制转变为协助和支持。

---

　　关于 Scrum 采用的一个普遍问题是管理者不放弃这些责任，因而导致团队、产品负责人、Scrum Master 和管理者在组织方面发生冲突。

---

　　那么，在 Scrum 组织中，经理的角色究竟是什么呢？ Scrum 沉默不语，而要求组织自己来解决这个问题。不过 LeSS 没有沉默，它开启了这个关于 LeSS 组织中经理角色变化的艰难讨论。

## 5.1　LeSS 管理

　　LeSS 遵循传统的组织理论，即如果想要提高组织的灵活性（敏捷性），可以通过委派责任的方式来实现，并确保决策不会降低组织的响应速度。其效果是组织更扁平，管理人员更少。

　　大多数采用 LeSS 的组织都不会让管理人员或经理的职位空缺。那么，他们的角色是什么呢？

　　在规模扩展时，与管理相关的原则包括：

　　**经验性过程控制**——工作方式的所有权应该由工作的人员来承担。由他们体验反馈和改进的历程。把过程所有权交给团队的做法是如何改变管理的呢？

　　**以客户为中心**——团队直接与客户合作能够显著提高客户聚焦度，并使工作更有意义。经理不再直接参与这种合作，也不再充当中间人。

　　**持续改进以求完美**——由于日常管理摆脱了经理的束缚，团队可以将工作重心转向改进系统。

　　**系统思维**——采用 LeSS 之前的组织结构常常会导致孤立的思维和行为，这必须加以改变，变为全系统和整体产品的视角。视角的改变往往会显得陌生和令人不安，所以需要大量的学习。

### 5.1.1　LeSS 规则

---

　　在 LeSS 中，经理是可选项，但如果经理确实存在的话，他们的角色可能会发生变化。他们的重点要从管理产品的日常开发工作转向提高产品开发系统的价值交付能力。

　　经理的职责是通过鼓励使用"现场观察"实践、"停止与修复"以及"试验胜于遵循"的理念来改进产品开发系统。

## 5.1.2 指南：了解泰勒和法约尔

管理的概念是人为发明的。了解它的起源和内容对于适应它并让它与时俱进至关重要。管理所解决的问题与我们今天需要解决的问题是否一致？没有挑战性和深刻的理解，就不会有持续的改进，而只会……是 19 世纪的延续。

早期两位关键的管理影响者是弗雷德里克·泰勒（Frederick Taylor）和亨利·法约尔（Henri Fayol）。

弗雷德里克·泰勒出生于 1856 年，是一位痴迷于提升工人生产效率的机械工程师。作为工长，他成功地把科学原理运用到了工人身上，并且这还启发他开设了自己的咨询公司，他的思想后来被称为"科学化管理"⊖。

亨利·法约尔出生于 1841 年，是一名法国矿业工程师，19 岁时加入了一家大型法国矿业集团。他的第一项工作是改善采矿安全。他一直服务于该公司，并最终成为了总经理。在法约尔的领导下，该公司蓬勃发展，成为法国最大的公司之一。他系统地整理了自己的管理思想⊜，并在自己的一本名为《工业管理与一般管理》(General and Industrial Management) 的里程碑式著作中发表了这些思想。

弗雷德里克·泰勒提出了两个概念，遗憾的是这两个概念至今仍然普遍适用。

❑ 存在一种最佳的工作方法，人们总可以科学地论证它。一旦这种"最佳实践"被发现，就会在整个组织推广。

❑ 计划和改进工作应与正常工作分开。计划和改进工作应由受过专门高等教育的人来完成，而正常工作可由大多数未受过教育的人来完成。用泰勒的话说："毫无疑问，将计划工作和脑力工作尽可能地与体力劳动分开可以带来生产成本的降低。"⊜

亨利·法约尔创立了 14 条管理原则，包括分工、职权、统一指挥和指挥链。他还规定了经理的五项职责：计划、组织、协调、指挥和控制。

许多所谓的"现代"管理理论都可以追溯到泰勒和法约尔的思想⊛。这些思想改变了公司和世界的运作方式。

然而，今天的世界和泰勒、法约尔的世界已不可同日而语。千差万别的背景使过去的一些最佳想法在今天变成了最糟想法。例如：

❑ 泰勒主张最大限度地提高低教育背景员工的生产效率。但是今天的产品开发人员已是受过高等教育的聪明人。分离的计划和改进会导致额外的切换、僵硬的专门化和更多的开销。

❑ 法约尔主张通过改善沟通来加强统一性，因为从法国到美国需要 10 天的时间，但今天的旅行不到 7 个小时，沟通只需要分分秒秒。用于创建统一性和方便沟通的广泛

---

⊖ 也被称为泰勒主义。

⊜ 也被称为法约尔管理。

⊜ 摘自 Frederick Winslow Taylor 1903 年出版的《Shop Management》。

⊛ 在这里我们跳过其他一些重要的影响者，如 Max Weber 和 Mary Parker Follett，但他们很值得研究。

　　层次结构已经过时。

❑ 对矿山铲挖方式进行了科学分析，找出了最佳实践，并在搬运铁块时能够复制采用。
虽然用科学来分析工作是很好的想法，但没有上下文的复制却不见得是好的。此外，
尽管根据上下文共享最佳实践是很好的想法，但复制最佳实践与持续改进则相互
矛盾。

❑ 集中化的管理人员通过计划、协调、指挥和控制来创建统一性可能在优化矿山挖掘
工作时能起作用。在组织中创建统一性或愿景是极好的想法，但集中计划和控制却
并非如此。对需求和控制的重视会减弱对系统改进的重视。

　　检查一下自己的组织结构、实践和策略。有多少存在是因为"它一直都是这个样子"的
观念？这些想法从何而来？它们是否真正与当前的组织环境密切相关？

## 5.1.3　指南：Y 管理理论

　　1960 年，柏林墙建成的前一年，也就是第一部邦德电影上映的前两年，那年激光和避
孕药问世。邦德电影演完二十多部之后，世界发生了很大的变化！或者说世界发生了很大的
变化吗？

　　1960 年，麻省理工斯隆管理学院的道格拉斯·麦格雷戈（Douglas McGregor）出版了他
标志性的管理著作《企业的人性面》（The Human Side of Enterprise）。它研究人们的潜力在
组织中为什么没有被完全利用，并得出结论，最"现代的"（1960！）管理理论和实践建立
在一组未经审查的假设之上，他称之为 X 理论。这些关于人类社会行为的假设限制了那些
能够真正利用人类潜力的管理实践、模式和行为。

### X 理论

　　X 管理理论是基于以下这些假设：

❑ 人们本性厌恶工作，并尽可能逃避。

❑ 因此，人们必须用强迫、控制、指挥，甚至威胁的办法，才能使其为组织尽力工作。

❑ 人们希望得到指导，因为他们没有雄心壮志，也不愿承担责任。

　　这些管理理论很少被简单而直接地表述出来，但它们在许多（如果不是大多数的话）管
理实践中确实形成了隐藏的假设……至今仍然如此！

　　人力资源部门努力为忙碌的员工提供支持。然而，具有讽刺意味的是，大多数人力资
源实践，如绩效考核、个人目标和奖金制度，都基于很强的 X 理论假设。但我们不应该感
到惊讶！人力资源这个术语背后的臆断又是什么呢？

### Y 理论

　　为了最大限度地发挥人的潜力，需要在我们的头脑和管理实践中用基于社会科学研究
结论的假设来取代 X 理论。Y 理论的假设是：

❑ 人们喜欢花精力工作，就像他们玩耍和休息一样自然。

❑ 人们会使用自我指引和自我控制的方式来实现他们所承诺的目标<sup>⊖</sup>。承诺主要来自与成就有关的内在激励，即挑战、学习和使命感。

❑ 如果给予适当机会，人们愿意承担责任而不是逃避责任。想象力、独创性和创造力是人类广泛具有的。

"劳工只需要一双手，为什么还要带大脑？"是亨利·福特（Henry Ford）的一句名言。福特受到过科学管理理论和 X 理论的影响。

"想法好，产品就好"是丰田工厂墙壁上的一个标语，他们说 TPS 并不是指 Toyota Production System（丰田生产系统），而是指 Thinking People System（思考者系统）。丰田建立了精益制造的根基，并受到 Y 理论的影响。

LeSS、Scrum 和所有敏捷开发都是基于 Y 理论的。

为什么它们是相关的？有两个原因：

1. **X 理论实践会在 LeSS 采用中引起问题**：大多数组织都有侧重于个人责任和经理控制的 X 理论实践。在 LeSS 组织中，这必须转变为团队责任和自我控制。

2. **X 理论的假设很难改变**：LeSS 需要改变管理风格，即改变管理者的行为和假设。改变这些假设需要重新解释以前所有经验，而不仅仅是工作经验。关于工作方式的文化假设和家庭假设尤其根深蒂固，难以改变。

---

> LeSS 采用中的许多问题可以归结为试图应用 Y 理论管理实践与 X 理论管理假设。

---

哦，今天是绩效考核时间！自 1960 年以来，情况发生了很大变化吗？

### 5.1.4 指南：经理是可选项

在 LeSS 框架中，经理是可选角色（参见 3.1.5 节）。如果组织已经有经理，那可以继续保留——他们同样可以发挥作用——否则，不要在 LeSS 采用时，添加经理。

无经理公司是当今一个重要趋势。这些公司分析管理背后的假设——管理解决了哪些问题——并力图发现责任划分<sup>⊜</sup>和职权分配的各种方法。这些试验，即使在公司仍然有经理的时候，也是激发想法、创新和灵感的重要源泉（参见 5.1.10 节）。

大多数大型组织都不乏经理角色和职位。在采用 LeSS 时需要对这些角色提出质疑。在 LeSS 组织中，首选的做法是将责任转移给团队，而不是将其分配给经理角色。

为什么很多公司都挤满了经理？因为他们采用的是默认的组织问题解决技术：

1. 发现问题——胡说八道的问题。

2. 创建新角色——夸夸其谈的经理。

3. 将问题分配给新角色。

---

⊖ "人们承诺"（Y 理论）不是"替人们作出承诺"（X 理论）。

⊜ 这些，以及相关的思想包括：合弄制管理模式、超预算、无为而治。

在大多数组织中，到处都是夸夸其谈的经理！例如：故障经理（因为有缺陷）、发布经理（问题发布）、功能经理（问题协调）、质量经理（质量问题）等。大多数组织从部门到经理，再到经理的经理，从专家人才到职业生涯，无处不充斥着夸夸其谈。

而这种情况不会在 LeSS 组织中发生，因为：

❑ **系统思维**——许多问题都是系统性的（例如，可能由组件团队的动态性引起），把这种问题分配给一种角色来管理而不对系统加以调整是过分简单的、速成式的修正方案。正确的做法是通过真正理解系统的动态变化，发掘问题背后的根源，然后对系统做出改变，而不增加额外的角色。

❑ **基于团队的组织**——某些问题确实可以通过创建新角色并将问题分配给他们（例如与第三方的协调）来解决。但首选做法仍然是将这些问题交给常规的特性团队，而不是创建额外的角色。这样做带来的效果是：（1）由工作参与者进行改进；（2）改进基于现实进行；（3）组织变得简单，没有额外角色。

尽管如此，经理们仍可以为公司服务。只是，在 LeSS 组织中，他们的职责应是什么呢？接下来的指南将对此进行探讨。

## 5.1.5　指南：LeSS 组织

精益思想强调了对现场（gemba）的关注，现场是一个日本术语，指的是真正的工作场所或创造客户价值的地方。我们把现场分为两种：

❑ 产品的使用地点——价值消费现场
❑ 产品的创建地点——价值创造现场

在 LeSS 组织中，这两种工作现场应尽可能靠近。需求从用户流向团队和产品负责人，价值从团队流向用户。组织中的价值传递不必向上推高层次。

经理不参加与价值交付或产品方向相关的决策。那他们做什么呢？在 LeSS 组织中，他们关注开发系统，关注提高组织价值交付能力。他们的工作是改进！

虽然他们可能会通过指导团队和帮助人们成长来促进改进，但他们不亲自动手做改进工作，因为这样会导致直接退回到泰勒主义。我们不希望存在只会遵从流程的懒惰者，而希望人的潜力能得到最大限度的发挥。因此，管理人员的关注点是保证组织在不断地改进。他们必须切实关注开发系统的改进，这通常也会涉及组织结构、决策和政策等方面。图 5-1 显示了一个 LeSS 组织。

不同的角色有不同的侧重点。这里有三个重点区域：

❑ 产品创建和交付
❑ 产品愿景和方向
❑ 组织能力提升

不要错误地认为图中每个角色正好匹配一个区域。重叠是存在的，事实上由于各种角色在一起工作，重叠是必然的。图 5-2 是一张角色和职责到重点领域的映射图。

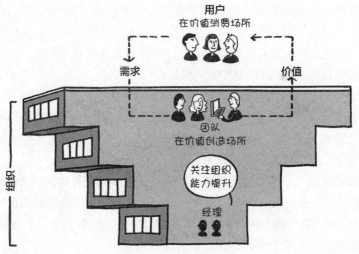

图 5-1 LeSS 组织概览

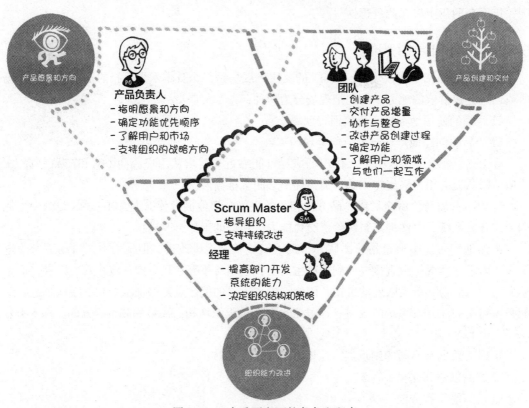

图 5-2 三个重要方面的角色和职责

让我们来看一下重叠的区域。

❑ **团队 – 产品负责人**——产品负责人确定产品的方向（愿景），并且团队也要参与其中。

团队应该像产品负责人一样拥有产品。这是团队产品，其与用户密切合作，并为产品负责人提供输入。具体而言，是团队将工作条目添加到产品待办事项列表中，并与产品负责人讨论条目的优先级。

☐ **团队 – 经理**——团队实施改进，而经理则专注于团队的改进能力，并通过必要的组织变革为团队提供支持。改进往往需要改变组织结构或政策，而团队往往无力自己完成。团队需要与 Scrum Master 和经理合作来实现这些改变。例如，当团队改进自动化部署时，经理可以做的是改变与部署相关的法规和组织策略。

☐ **经理 – Scrum Master**——经理和 Scrum Master 都专注于改进，并且应该一起工作。经理更关注组织方面的事情，而 Scrum Master 更关注团队和跨团队的动态变化。例如，Scrum Master 发现并解释了团队跨职能工作方式和能力需要扩展的必要性，而经理则进行相关的组织变革，例如取消测试小组。

☐ **经理 – 产品负责人**——一线经理和产品负责人在专注于改进时他们的角色几乎没有重叠（参见 7.1.2 节）。他们可能会共同鼓励团队对产品待办事项列表提出改进意见。高级经理具有战略视角，他们覆盖多个产品。他们应与产品负责人密切合作，以确定正确的产品，并与级别较低的经理和 Scrum Master 合作进行正确的改进。例如，与所有产品负责人一起确定要进入的新市场及其对组织产生的影响。

上一节提到产品重点与组织重点。如图 5-3，按比例绘制出了相关角色，并建立了另一个视角来观察 LeSS 角色。

图 5-3　产品重点、组织重点与 LeSS 角色

上图以可视化的方式表明经理和 Scrum Master 的关注点略有不同：经理更偏向组织一方，Scrum Master 更偏向团队和产品一方。

在看待 Scrum Master 和经理之间的相似性时，有一个常见的问题：我们应该让经理成为 Scrum Master 吗？不，这不是个好主意。经理 /Scrum Master 这种组织的"经理"形态会妨碍团队的自管理，即使她是"不同团队"的 Scrum Master。为什么？团队成员对经理有根深蒂固的臆断，这些臆断会不知不觉地改变他们的行为。最好避免使用管理角色。

最后，关注开发系统的能力的具体意思是什么？接下来的几个指南将介绍以下实践：

❑ 现场观察
❑ 经理是老师和学习者
❑ 领域和技术能力

## 5.1.6 指南：现场观察

现场观察⊖是管理人员最重要的管理技能。这种实践看起来非常简单：只需去现场（gemba）——实际的工作场所，就能看到现实。但实践过程中，理解和掌握这个实践并非易事。

让我们先来看看现场观察（Go See）不是什么。现场观察不是微观管理。微观管理可以被描述为"现场观察、打断和消失"，即便最好的情况，这也是一种对员工的消极行为。用传统的控制 – 管理 – 思维模式来看待现场观察，可能会把它变成微观管理。这一点值得注意。

经理们习惯性地⊜去工作场所了解真正的问题，并利用所做的了解来发展组织的能力。

什么是真正的现场？对于产品开发，有两种现场：

❑ 价值创造现场——创建产品的团队
❑ 价值消费现场——使用产品的用户

必须定期地走访这两个地方，才能感受到现场的现实。

现场观察至少有两个重要目标：

❑ 提升团队的问题解决能力
❑ 提升组织的决策能力

**提升团队的问题解决能力**——通过探索工作场所并了解团队的日常工作实际情况，经理可以真正了解他们面临的问题。不要"解决"这些问题！不管那有多诱人。作为 LeSS 经理，要做的是让团队去解决问题。如果他们不做，那么经理的作用就是教他们和引导他们解决问题。换句话说，就是要提高他们解决问题的能力（参见 5.1.7 节）。

**提升组织的决策能力**——工作现场的问题可分为：（1）环境 / 团队特定的问题；（2）由团队外决策引起的问题。后者是由组织结构、决策和政策引起，而且在所有团队中的作用都相同。因此，LeSS 经理践行现场观察可以真正了解团队的工作场景，并有助于获取对管理决策的重要反馈。反过来，这些来自实际工作地点的反馈有助于产生基于现实的更优组织决策。

经理级别越高，履行这个实践就显得越重要，因为他远离实际工作现场，要保持联系，必须付出额外的努力，而且他做出的决定往往会产生更大的影响。如果不去现场观察，高级经理的决定很可能与现场的现实产生脱节，导致灾难性的决策和本组织的最终崩溃。听起来很熟悉吧？

采用现场观察这一实践比较困难。为什么？

**没有时间**——许多经理显然无法控制自己的时间，但大多是被动的。他们的日历上排

---

⊖ 英文原词为 go see，也译为"现地现物"。——译者注
⊜ 占用了他们大部分的时间，无一例外。

满了会议，而且会议很难拒绝参加。他们被淹没在行动清单之中，因为毕竟他们对那些事情说了"是"。除此之外，还有什么比"灭火"更有意义呢？

相比之下，实践现场观察则意味着除了参加会议和完成行动清单外，要刻意保留大部分时间来走访实际的工作现场。

**不去理解**——去工作现场并不是为了同情工作人员，也不是为了检查进展情况。它是为了真正了解现场中出现的问题。不仅仅是与团队聊天或邀请他们参加会议，因为这只会导致肤浅的理解。现场观察需要观察团队，提问很多开放性问题，是对大家的工作和问题有真诚的兴趣。在软件产品开发中，这可能涉及查看和讨论代码。

**没有耐心**——很多经理都是解决问题的能手，所以当真正理解了现场的问题后，他们就能解决问题。但是请不要这么做！团队需要通过自己解决现场中遇到的问题来进行自我改进。解决问题的经理对团队需要有耐心。那么，如果因为问题来自外部和组织，或者是系统性的问题，团队无法解决问题，那么该怎么办？以后再采取行动！

**没有分析**——一旦真正理解了现场问题，就要问：这些问题是源于团队和特定环境，还是源于组织和系统？确定问题的根源并非易事。许多经理把大多数问题归因于环境，因为他们不认可环境或者环境中的各种模式……这样做也是安全的，因为环境问题不需要他们采取任何行动。其他人则认为一切问题都是由于组织上的原因而产生，最终只能根据一个团队的反馈和环境做出糟糕的决定。找到真正的原因是很困难的。

现场观察是需要实践的实践！它还需要开放的思维和天然的好奇心去仔细理解这些创造产品的创造性工作。

## 5.1.7　指南：经理是老师和学习者

有两种常见的经理风格，而且我们认为是同一个问题：

❑ **虚拟经理**——这些经理一旦成为经理就停止学习。他们没有读过一本专业书籍，没有参加过任何课程。他们把所有的工作时间都花在诸如报告或考绩等管理任务上，已经成为无用的懒政管理者。

❑ **职业经理**——这些经理并没有停止学习，但只阅读流行的管理书籍[○]。他们完全不去接触创造产品的真正工作。如果与真正工作保持联系，也是因为"职业经理可以管理任何事情，而用不着理解它。"这是极度的错觉，相比之下，我们更喜欢虚拟经理，至少他们的危害小些。

LeSS 经理是愿意学习任何事物的终身学习者。他们从来不会与最新的领域和技术脱节，始终保持自己对当今现实的了解，而不仅仅是知道他们作为管理者的现实。显然，这种理解需要现场观察的支持，而且……

LeSS 经理践行"经理是老师"的精益思想实践。这个实践并不意味着管理者必须是最

---

○ 我们有时把它们称为机场书籍。可以通过看看哪些管理书籍在机场很受欢迎来解释为什么在组织管理方面有那么多的夸张宣传。

好的技术和领域专家。但是，他们确实对领域和当前的技术有着很好的理解，并能够利用这些技能来指导和教导团队以提高团队的开发能力。

作为经理，怎么才能不落伍呢？有如下想法：

- ❑ 不时帮助团队修复缺陷
- ❑ 使用和测试产品
- ❑ 参与代码审查
- ❑ 走访或观察用户
- ❑ 重构一些代码；也可以直接扔掉它
- ❑ 浏览所在领域的最新杂志
- ❑ 与团队成员一起工作
- ❑ 做些自动化开发
- ❑ 加入社区

**民族文化**——在有些国家，管理人员作为老师的实践要比在其他国家困难，为此需要付出更多的努力。这些国家中，部分民族文化天然注重工程设计，管理者往往都具备丰富的知识，而其他国家的管理者很少与技术保持联系，因为他们号称已经"过了职业生涯中的那个阶段"。

## 5.1.8 指南：领域和技术能力

团队需要在技术技能和领域理解之间保持适当的平衡（参见 4.1 节）。我们会经常遇到一些团队，他们拥有优秀的技术技能，但缺乏领域知识，反之亦然。在有着"把编程外包出去"传统的组织中，情况更糟⊖。

LeSS 经理应定期评估团队的技能，以确定其能力改进工作的方向和重点。一个常见的错误是高估经理自己拥有的技能，而低估其他人的技能。不要掉进这个陷阱。

采用巨型 LeSS 的组织往往会有多个开发地点。在这种情况下，开发地点通常会在一个维度上具有优势，而在另一个维度上不存在优势。可以从这个角度去评估开发地点，并采取相应的行动。

什么行动？不平衡往往是由于低估了或者没有正确地评估某个方面，而导致在这个方面缺乏学习投资。例如，我们工作过的一个地点，其拥有卓越的领域知识，但技术技能却差得惊人，因为该地点的文化是"任何人都可以编程"。

下面是一些行动的例子：

- ❑ 提高对这种不平衡的认识，与经理、Scrum Master 和团队进行讨论（参见 13.1.6 节）
- ❑ 组织培训和辅导

---

⊖ 我们都在亚洲过生活——克雷格在印度，巴斯在中国和新加坡——我们深入现场和深入代码，我们认为"将编程工作离岸外包"的想法确实是误入歧途的做法，从未见过它奏效过。我们遇到过的、声称这种方式有效的人可能从来没有花时间在现场观察实际情况。

❑ 在团队之间分享，特别是榜样的分享
❑ 促进社区学习
❑ 鼓励团队选择有助于减少不平衡的工作

---

　　优秀产品只能通过技术和领域知识均衡的团队直接与解决用户实际问题的用户合作来创造。

---

## 5.1.9　指南：LeSS 度量

　　在采用 LeSS 时，管理者经常会提出问题"应该测量（measure）什么？"这是一个令人着迷但又错误的问题。为什么？它假定度量（metrics）本身有好坏之分。找到正确的度量标准，设定正确的目标，好事就会来临。这与事实往往大相径庭。

　　度量本身并不重要，重要的是：（1）度量的目的；（2）谁来设置度量。

　　我们最喜欢使用的例子是测试覆盖率。这是一个好的度量指标还是一个坏的度量指标？其实这个问题本身就是荒谬的。如果管理人员将测试覆盖率设置为组织目标，或者更糟糕的是，设置为个人绩效目标，那么可以保证这必将导致有害的行为。当然，我们已经看到过极端重复和极具破坏性的测量，但我们最喜欢的例子是，测试用例不带检查所以永不会失败。太聪明了！它实现了最大的测试覆盖率并降低了维护的工作量。员工在实现目标的同时尽最大努力不是管理层的梦想吗？

　　但是，如果团队想要提高他们的测试自动化并测量测试覆盖率以了解更多信息，那就太好了！这可能会带来深入的洞察、改进、更多参与和拥有权。但重要的不是度量指标。

　　度量是有用的工具，但请避免以下错误：
❑ 有目标但无明确的目的
❑ 为团队设定目标
❑ 为控制而测量
❑ 测量某些东西但不知道为什么测量
❑ 为了测量而给他人造成浪费
一般来说：

---

　　关注目的，而不是目标。
　　没有目的的目标不是命令控制式管理，而是独裁。

### 5.1.10 指南：管理图书阅读清单

LeSS 经理需要不断了解他们所在的领域和所需的技术，还需要自己掌握最新的管理思想。有很多东西需要学习，下面是我们认为重要并建议 LeSS 经理阅读的图书：

❑《第五项修炼》——彼得·圣吉

这是创建学习型组织和系统思维的真正经典。我们认为这对 LeSS 管理人员来说是绝对的必读书。

❑《金矿 2：精益管理者的成长》与《金矿 3：精益领导者的软实力》——迈克尔和弗雷迪·伯乐

这两本书都是以商业小说的形式出现的，叙述了一位精益管理的学生（安迪）从传统管理向精益管理转型的历程。尤其是前者可能是对现场观察（Go See）实践迄今为止描述得最好的一本书。

❑《现场管理》——大野耐一

大野耐一是丰田生产系统的创造者，他的《现场管理》一书是精益思想和精益管理的经典。他处理问题的方式和对现场观察的执着，非同寻常。

❑《管理的未来》——加里·哈默

我们需要经理吗？加里·哈默确实这么认为，但未来的管理风格肯定会改变。在这本经典图书中探讨了这种改变将会如何发生。

❑《管理的真相：事实传言与胡扯》——杰弗瑞·菲佛和罗伯特·萨顿

脱离场景的最佳实践是一种危害远大于益处的错觉，但这并不意味着我们不能互相学习新的思想。然而，有太多的思想都是建立在那些机场图书中最新的管理潮流之上。菲佛和萨顿主张以坚实的研究证据来推动组织的管理决策。

❑《重塑组织》——弗雷德里克·拉卢

我们真的需要经理吗？弗雷德里克·拉卢探讨了当前一些放弃了传统管理的公司的做法。这类公司完全是基于自管理原则组织起来的，通常会彻底取消经理的角色。这本书探索了对未来公司的一些思考及对其组织结构形式的设想。

# Scrum Master

优秀的 Scrum Master 可以掌控多个团队，但伟大的 Scrum Master 只有一个。

——迈克尔·詹姆斯（Michael James）

## 单团队 Scrum

Scrum Master 向 组 织 教 授 Scrum，并在组织持续采用 Scrum 的过程中提供指导。Scrum Master 利用自己掌握的 Scrum 理论以及对 Scrum 的深入理解来帮助团队中的每个人去发现他们如何为创造最有价值的产品做出最大贡献。

Scrum Master 经常被误解，也容易表现不佳，因为人们试图将这个新角色映射为某个现存角色。但不能做这样的映射。Scrum Master 既不是团队的主人，也不是"敏捷"项目经理或团队领导。

在 LeSS 采用中，Scrum Master 在协调一个大型开放空间活动

Scrum Master 是发现 Scrum 本身是否有效的两个"元反馈回路"之一<sup>⊖</sup>。它是一个辅助角色，帮助组织反思并朝着完美愿景改进。Scrum Master 为人们创造成功的环境。

---

㊀ 另一个元反馈回路是回顾。

# 6.1　LeSS Scrum Master

Scrum Master 作为一个新的角色，在采用 Scrum 时常常不能被很好地理解。一个常见的反应是让"剩余的人"来当 Scrum Master。他们可能是很好的选择，但往往缺乏正确的技能、动机和 Scrum 知识。他们把这个角色演变成了其他的角色，并且在组织中被接受为 Scrum Master——毕竟，Scrum Master 自己应该知道这一点，对吧？他们的行为有时会阻碍 Scrum 的采用——他们把自己变成了反 Scrum Master。

由于显而易见的原因，Scrum Master 在 LeSS 中的角色仍然被称作 Scrum Master 而不是 LeSS Master。

规模扩展时，与 Scrum Master 相关的原则包括如下几条。

**系统思维和整体产品聚焦**——团队越大，就越难以看到整体。Scrum Master 帮助人们在看待系统时能够超越他们的视角，这个系统可以包括产品团体的互动、延迟、成因和潜能。她还提醒每个人要关注整体产品——未整合的单个团队的输出不会创造客户价值。

**大规模 Scrum 也是 Scrum**——LeSS Scrum Master 会遇到大规模特有的复杂问题，她需要抵制用大规模特有的复杂解决方案来解决这些问题。相反，她需要回归 Scrum 精神，并找到简单的方法来增强人们跨越障碍的能力。她需要通过试验探索大规模简单解决方案。

**透明度**——Scrum Master 是透明度的守护者。但是对于大多数大规模的产品开发来说，都有一种挥之不去的阴霾笼罩着它。在一个组织的政治丛林中，清除阴霾——创造透明度——是一项艰巨而且吃力不讨好的工作。

## 6.1.1　LeSS 规则

> Scrum Master 负责 LeSS 采用的顺利开展。他们关注团队、产品负责人、组织和开发实践。一个 Scrum Master 不只是关注一个团队，而且要关注整个组织系统。
>
> Scrum Master 是一个专职角色。
>
> 一个 Scrum Master 可以服务 1 ～ 3 个团队。

## 6.1.2　指南：Scrum Master 的关注点

迈克尔·詹姆斯的"Scrum Master 检查清单"是一个优秀的 Scrum 工具。它确定了 Scrum Master 应该关注的四个领域：

- ❏ 团队
- ❏ 产品负责人
- ❏ 组织

❑ 开发实践

在这些重点领域中也暴露了一个常见的问题，即 Scrum Master 过于关注团队。Scrum Master 在 LeSS 采用中具有关键的教育作用以及和团队一起反思的作用，如果把精力过度放在关注团队上，则必然导致在上述团队教育和反思方面投入的精力减少，从而导致 LeSS 采用变得不够深入。什么会导致 Scrum Master 过度关注团队呢？其中一个原因是 Scrum Master 的角色经常由团队中的一位成员来兼任。但是为了更好地采用 LeSS，并且考虑到 Scrum Master 在采用过程中十分重要，其不仅需要关注所有领域，同时还要覆盖 1 ~ 3 个团队，所以 Scrum Master 又必须是一个全职角色。

这四个重点领域有助于我们理解 Scrum Master 在 LeSS 中所起的作用，如图 6-1 描绘了典型 Scrum Master 关注点随时间变化的曲线。

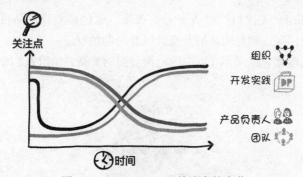

图 6-1　Scrum Master 关注点的变化

## 关注组织

采用 LeSS 时一开始就需要对组织结构进行变革，因此一开始要高度关注组织（有关结构变革的更多内容请参阅第 4 章）。一旦基本结构到位，对改进组织的关注就会下降，然后注意力就转移到各个团队的生产和交付成果上。产出成果，即可交付的有价值的产品，是改变组织的最好方法。如果 Scrum Master 没有向组织展示成果和所取得的收益，组织为什么会信任她和她的团队呢？

> 生产出可工作和可交付的软件的同时会产出可信度。

这里有一个重要的动态，即随着时间的推移，主导性约束将会从团队内部转移到组织内部。由于组织结构和政策会阻碍团队提高其绩效，Scrum Master 的关注点也会随之转向组织方面的改进。

> 改进是持续的，世界永远不会停止变化，所以 Scrum Master 的工作永远不会 "完成"。

### 关注团队

Scrum Master 最初对团队的关注程度很高，但它会随着时间的推移而下降。团队成立时，在自管理、团队间协调，以及增加共同责任方面，Scrum Master 花费了大量精力对团队进行教育和指导。随着时间的推移，团队越来越不依赖 Scrum Master，因为他们自己承担了所有责任。

团队的成熟是许多 Scrum 采用组织选择兼职 Scrum Master 的原因之一。但在 LeSS 中，Scrum Master 不是兼职角色。当 Scrum Master 所在的第一个团队不断成长，继而变得成熟后，她可能会加入另一个团队，当然，最多三个。成为多个团队的 Scrum Master 会自然而然地将焦点转移到组织和产品负责人这些更大的层面上。

### 关注产品负责人

最初，Scrum Master 关注对产品负责人的指导。这包括教育产品负责人如何最好地利用产品待办事项列表，促进她与团队的互动，以及帮助她反思。

产品负责人与其他角色的关系（更多内容请参阅第 8 章）如图 6-2 所示。

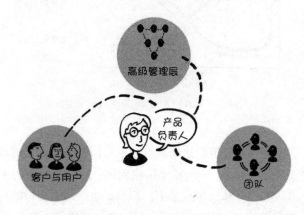

图 6-2 产品负责人关系图

Scrum Master 不能只关注产品负责人与团队的关系。产品负责人与其他角色的关系也需要 Scrum Master 的支持。让我们来探讨这些问题：

- **"产品负责人－客户"关系**：Scrum Master 帮助产品负责人走近真实的用户和客户。产品负责人需要从他们那里获取反馈来验证产品的方向。有时遇到产品负责人不称职的情况，Scrum Master 应该帮助组织找到更好的产品负责人。
- **"产品负责人－高级管理层"关系**：Scrum Master 应帮助产品负责人与上级管理层合作，并保持开发状态随时可见。她支持产品负责人，并努力优化产品的影响力。
- **"产品负责人－团队"关系**：Scrum Master 帮助在团队内建立信任、平等和合作的关系。这是一项艰苦的工作，因为历史上这种关系充满了不透明、指责和不信任。

随着时间的推移，Scrum Master 对产品负责人的关注将逐渐减少，因为产品负责人对其在 LeSS 组织中的工作越来越得心应手。

**注重开发实践**

最初，Scrum Master 忙于创建能够运转良好的团队，并保证这些团队能够一起生产产品。但是，随着 Scrum Master 对团队和产品负责人关注的减少，她更加关注如何帮助团队改进开发实践。

作为一名 Scrum Master，应该了解什么是一流的现代开发实践，并向团队介绍这些实践。LeSS 的采用通常涉及大量的代码库，其中包含大量陈旧而凌乱的遗留代码；将现代实践（如测试驱动开发、持续部署和自动化验收测试）应用于这些代码是极具挑战性的。需要持续保持对开发实践的高度关注，因为要进一步改进团队，对开发实践的应用只会变得越来越困难。

## 6.1.3　指南：Scrum Master 的五个工具

在深入探讨更多 LeSS 特定的指南之前，我们将在本节指南中介绍 Scrum Master 工具，以阐明 Scrum Master 是如何工作的。我们喜欢以下五个 Scrum Master 工具。

❑ **提问**

Scrum Master 的作用像一面镜子，帮助每个人反思和改进。要做到这一点，一个强有力的方法是多多提出开放式的问题。但是请记住，要谦虚，不是提供答案，而是帮助人们自己找出答案（参见 6.1.8 节）。

❑ **教育**

Scrum Master 对 Scrum 有深刻的理解，因而需要帮助团队理解为什么 Scrum 是这样的，这是教育方式之一。警告！避免过分热情，因为这会使人们失去热情，学习活动便不会发生。避免狂热，把教育的重点放在事物背后的原因上，保持开放心态，积极认真地倾听。

❑ **引导**

向团队展示如何开展 LeSS 的各种活动，并帮助他们在活动中进行富有成效的交流。通过暴露冲突来开创透明度，并帮助团队解决冲突。但是请记住，要让团队自己来承担大部分责任。如果作为 Scrum Master，她仍然还需要在 Sprint 10 中引导 Sprint 计划会议，那么她就是在走向失败（参见 6.1.8 节）。

❑ **无为**

Scrum Master 需要为人们创造承担责任的空间。怎么做？不要自己接手是一个良好的开端。当一个或多个团队遇到问题时，Scrum Master 需要首先观察他们是否能够在没有她提供支持的情况下自行解决问题。这种做法就是在为他们创造成长空间。

❑ **中断**

团队需要自己学习，但当事情失控时，Scrum Master 就需要中断它，以避免不可挽回的损失。

这里并没有列出一些常见的被推崇的 Scrum Master 工具。为什么？让我们看看为什么最好避免使用它们。

**避免成为团队代表**——在 LeSS 中，有些活动是需要团队代表参加的，但不是 Scrum Master。那么谁是团队代表？这取决于团队，只要不是 Scrum Master 都行。在 LeSS 中，Scrum Master 是一个全职角色，因此她不是团队的成员。代表团队参加活动显得有些奇怪。

**避免为团队做决策**——团队要自己做决策。多个团队也一样，要自己做决策。不要为团队做决策，而是帮助他们做决策。

**谨慎给出建议**——Scrum Master 给团队的建议并不总会被认为是建议。对于那些希望获得决策权的年轻团队来说尤其如此。

**谨慎清除障碍**——我们已经看到"清除障碍"会被用作任何行为的借口。大多数日常障碍需要由团队来清除。Scrum Master 的重点是为团队创造一个成功的环境，并因此消除组织层面上引起障碍的原因。这要困难得多。

### 6.1.4　指南：大型群组会议引导

要让一个会议变得高效、有效且有趣并不是一件轻而易举的事……尤其是当参加的人数很多的时候会更难。但是会议并不一定都很无聊。组织大型群组会议是一项需要掌握的基本技能。可以了解一下开放空间和世界咖啡馆（World Cafe）等技巧。

我们在引导会议时经常使用如下一些技巧。

**分散**——将所有注意力集中在一个中心点会让会议的速度减慢。只要有可能，尽量把与会者分成较小的小组，并行地开展活动。有分散就要有"合并"，以便大家共同分享且步调一致。

**提供白板和挂纸**——要多些！人们写写画画，讨论会更有成效。

**避免办公家具**——围绕着会议室桌子开无聊的会议？那就把桌子移开，立刻见效！

**避免使用电脑做投影仪**——电脑是会议活跃度的杀手。电脑会让会议集中，而且控制电脑的人会成为瓶颈。如果必须使用电脑，请尝试多使用几台。不要把电脑当作中心点。

**自愿讨论**——避免强迫人们加入讨论。给出主题，分散与会者，让人们自愿参与他们感兴趣的主题讨论（参见第 3 章）。

**目标明确**——会议开始于：为什么我们要开会？我们的目标是什么？

**回顾**——会议结束于：旨在帮助改进未来会议的回顾。

### 6.1.5　指南：促进学习和倡导多面技能

持续改进的实质是持续学习，特别是对于没有机器而只是由人来生产的软件产品。不幸的是，许多人似乎并不把学习新技能看作是他们工作或者生命的一部分……

组织缺乏学习是 LeSS 采用时的主要障碍。作为 Scrum Master，她需要创造环境，让人们从单一的专家变成多个领域的专家<sup>⊖</sup>。

如下是 Scrum Master 促进团队学习的一些想法：

---

⊖　我们并不是说每个人都是通才，什么都知道。有关该主题的更多信息，请参阅在线文章："Specialization and Generalization in Teams"（团队中的专门化和泛化）。

- 成为榜样；学习新技能。
- 与团队分享自己学到的东西。
- 确保书籍随处可见。
- 提醒团队，人们天生缺乏技能，团队已证明了自己有能力学习新技能。
- 分享文章，不仅仅是关于敏捷、Scrum 或 LeSS 的文章。
- 鼓励学习课程，如迷你课程、闪电讲座或 "书友会" 讨论。
- 提醒团队，他们有权在 Sprint 中规划出学习的时间。
- 建议在团队回顾期间分析现有技能。

## 6.1.6　指南：社区工作

社区就是一群来自众多团队的志愿者，他们有着共同的兴趣或话题，也有着通过与同伴的讨论和互动来加深知识或采取行动的热情。参与社区是完全自愿的（参见 13.1.6 节）。

社区可以帮助团队之间建立非正式的网络，这对学习、协调和持续改进不可或缺。作为 Scrum Master，她需要完成社区工作——指导社区使其保持健康和可持续发展。特别是下面两个社区需要 Scrum Master 积极参与：LeSS 社区和 Scrum Master 社区。

### LeSS 社区

Scrum Master 需要促进跨团队学习，主题不限，当然包括 LeSS 本身。由于团队在相同的环境中工作，他们可能会遇到类似的障碍，所以可以相互学习到很多东西。所有 Scrum Master 可以一起创建这样的社区。列举一些想法如下。

**LeSS 讨论组**——建立基于产品组的 LeSS 讨论组，或者建立公司范围内的 LeSS 讨论组，来讨论和分享经验。

**内部 LeSS 聚会**——组织聚会，让人们聚在一起分享经验。使用开放空间来组织这类活动，因为开放空间可以利用与 LeSS 一致的自组织特点（参见 13.1.11 节）。

**LeSS 啤酒**——规划酒吧会议，啤酒要充足。

**在博客、wiki 或时事通信上分享故事**——自己撰写团队故事或者说服团队去写。

**观察其他团队**——邀请自己的团队去观察其他团队，并共同讨论他们的工作方式如何不同，为什么不同。

### Scrum Master 社区

作为 LeSS Scrum Master 经常会感到沮丧，但永远不会孤单！联系其他 Scrum Master 并建立一个社区。会有其他人就如何承担 Scrum Master 角色向你提供指导。一些想法如下。

**只有 Scrum Master 的邮件列表**——类似于 LeSS 邮件列表，但只邀请精英加入。确保人们全面理解 LeSS，这样讨论才能超出基础，从而在更高层次进行。

**观察其他 Scrum Master**——要求其他 Scrum Master 观察自己，也应要求自己观察他们。然后，就此展开公开对话，再进行反思并提出改进意见。

**与 Scrum 高手结对**——一起开会，一起观察团队，或者结对指导团队。

**学习小组**——要求每个人读一本书的相同章节，然后聚在一起讨论。每周一章。也许在午餐时讨论？

### 6.1.7 指南：Scrum Master 生存指南

组织是个危险的地方，到处都是愤怒的僵尸、虚拟经理、场景转换吸血鬼、未完成开发人员和反 Scrum Mater。别慌！下面就是生存之道。

#### 变责备为行动

当事情出错时，不幸的是，人们常见的反应是责备。团队和地点越多，情况就越糟。责备是很安逸的，因为它逃避了责任……毕竟这显然是其他团队造成的！

作为 Scrum Master，永远不应该加入责备的游戏。相反，请帮助团队将责任转化为建设性行动。怎么做到呢？通过提出以下这两个问题：

❑ 我们可以做些什么来改变环境中的 X？

❑ 如果不能做什么，那么请接受目前还无法改变的东西。我们可以做些什么来避免或减少 X 对我们的影响呢？

例如：

团队："测试时需要有管理员权限来访问环境，所以我们无法测试。"

Scrum Master："明白，那么我们做什么可以获得这种访问权限？"

团队："由于组织策略的限制，我们无法访问。"

Scrum Master："好吧。那么，我们能够做些什么来计算出改变这种组织策略所需要的成本，或者同意访问不需要管理员权限；没有管理员权限我们如何更好地测试？"

#### 不要成为团队之间的协调员

传统的组织有协调员（项目经理）角色，负责协调团队之间的工作。而在 LeSS 中，多团队协调是团队的责任（参见第 13 章）。

许多团队已经习惯于有协调员，他们希望 Scrum Master 来承担这个角色。请勿这样做。试着通过以下方式帮助团队：

❑ 提醒团队这是他们的责任，以及背后的原因。

❑ 向团队介绍其他团队。

❑ 帮助团队商定协调机制。

但不要自己去协调。

#### 团队联合共同提出变革建议

为了团队的成功需要创建适合的环境，但为此进行组织变革可能很困难……这一点对于所有的团队来说都是类似的。所以和其他 Scrum Master 一起工作吧——一起工作会让自己变得更强大。

怎么做？讨论一下哪个变化在当前产生的影响最大，收集所有相关信息，并作为个案，向（高级）经理提议。不要指望他们立即接受，而是把它作为讨论的开始，记住……耐心点。

## 与经理合作

经理和 Scrum Master 的职责相似，两者都是为了构建最佳产品，为团队创造良好的工作环境（参见第 5 章）。Scrum Master 的工作更接近团队，而经理则经常承担额外的组织工作。但若要变革，他们就必须协同工作，如图 6-3 所示。

图 6-3　不同角色在产品和组织方面的关注点

从每周定期讨论开始，最终对当前问题达成一致的理解。然后挑选最重要的一个问题来处理，接着挑选下一个最重要的问题，等等。

有时与经理合作很容易，因为经理就是 Scrum Master！但这往往会给团队的自管理带来问题。对此，一些组织的解决方法是，让一个团队的经理成为另一个团队的 Scrum Master。有时候，这行得通，然而，我们不推荐它。为什么？有两个原因：（1）在有些等级环境中，经理和非经理之间的差距如此之大，以至于团队几乎不可能信任经理作为 Scrum Master；（2）有些经理忙于"其他组织工作"（我们不太确定这些工作的价值有多大），所以他们没有时间担任全职 Scrum Master。

## 保持清醒

作为 LeSS Scrum Master，需要对组织做改变……而且这样做时并不会有"官方"授权。这是件好事。它要求 Scrum Master 说服人们相信改变是正确的，所以需要去做改变。但是，具有影响力的组织变革远不是细微的改变，也不会经常发生，不管个人有多么努力，改变都可能会朝着相反的方向发展。问题是，作为 Scrum Master 该如何生存呢？要在组织中保持活力和理智需要具备以下特质。

### ❏ 耐心和低期望值

大多数组织的改变是缓慢发生的。最好把期望值定得低一点（它不是个人的目标！）并提醒自己，自己还要在这方面工作多年。但发生了点变化，即便很小，也一定要庆祝。

### ❏ 坚持

不要指望自己的变革提议会立即被采纳，而要做好无数次解释的准备（通常是对相同的人）。

### ❏ 勇气

没有勇气，任何事情都不会改变。不要害怕对高层管理者直言不讳，也不要害怕提出的建议超出自己的舒适范围。

❑ **幽默感**

说服人们改变一些事情已经花了一年的时间了。他们做了……但他们让事情变得更糟。下一步该怎么做？认真对待它但不要太当真。笑吧，这是生存的唯一途径。

❑ **开放和谦逊**

提出变革建议时，必须勇敢、坚持不懈并且有耐心。当愚蠢的决定毁了自己的工作时，一笑置之。所有这些都必须以开放和谦逊的方式进行，否则就学不到新的东西。也许你错了，他们是对的？

我们提到耐心了吗？

### 6.1.8　指南：Scrum Master 阅读清单

我们期望 Scrum Master 是 Scrum 方法的专家。但她掌握 Scrum 了吗？掌握意味着没有更多的东西要学。但我们研究 LeSS 采用已经很长时间了，仍能学到很多关于 LeSS 的知识。所以，Scrum Master 需要不断提高自己。阅读是一种提高自己的方式，我们推荐阅读下面这些书：

❑《带领团队》(Leading Team)——理查德·哈克曼

哈克曼的《带领团队》总结了他 30 多年的团队研究成果，该书也许是建立自管理团队的最佳书籍。

❑《专业引导技巧实践指导》(The Skilled Facilitator)——罗杰·施瓦茨

这本书对提高会议引导技巧进行了极好的描述。

❑《共创式教练》(Co-active Coaching)——亨利·吉姆斯 - 霍斯等。

关于教练，有很多东西要学，这本书提供了一个非常好的起点。

❑《克服团队协作五种障碍》(The Five Dysfunctions of a Team)——帕特里克·兰西奥尼

❑ 关于团队如何工作（或不工作）的精彩小寓言。

❑《谦逊的探询》(Humble Inquiry)——埃德加·沙因

沙因在组织发展和指导组织方面有 50 年的经验。他从经验中得出的一个结论是：我们需要少讲多问。

### 6.1.9　指南：特别注意……

在有些方面，痛苦会频繁出现，需要特别注意以下问题。

❑ **机能失调的"产品负责人 - 团队"的关系**

产品负责人和团队之间的不信任是有历史的，原因是产品负责人经常做出强迫性的承诺，这种行为会对开发造成严重破坏（参见第 8 章）。

❑ **机能失调的"团队 - 产品负责人"关系**

实际上，在每一个 Sprint 中都产生"已完成"的功能对许多团队来说是极具挑战性的。其中一个原因是，这些团队被指责为只关心遥远的最后期限，而不关心当前的 Sprint。产品负责人对团队的"友好"和对未完成工作的"接受"会使情况变得更糟，从而导致更多的疏忽。

❑ 我们与他们之间的对立

出现对立团体，彼此指指点点，而自己却不采取行动，这样会使每个人都输掉。例如：团队与产品负责人、团队与经理、一个地点与另一个地点的对立。

❑ 采用 Scrum 而不进行改变

"我们想采用 LeSS，但不想改变任何事情。"这听起来不太明智，但很常见。组织喜欢玩重大的更名游戏。他们喜欢给旧思想贴上新标签。他们采用了 LeSS，非常好，接下来呢？

❑ 类似团队助理的 Scrum Master 或反 Scrum Master

不要成为团队的助理，只去预订会议和安排咖啡。也不要成为反 Scrum Master。不要承担了 Scrum Master 这一角色，但却一点也不在乎。

❑ 远程 Scrum Master

确保 Scrum Master 与其团队位于同一地点。Scrum Master 需要体验团队（们）的实际工作，以便她能够想出办法更好地帮助团队和组织。

❑ Scrum Master 担任项目经理

这一点已经提到，但值得再提一次。Scrum Master 不是项目经理。项目经理管理项目的方式是安排工作、跟踪进度、协调和采取行动以使项目回到计划的时间表。Scrum Master 不做任何这类事情，也不对项目负责。他们不是项目或团队之间的联系人。相反，他们的重点是创造伟大的团队，创造健康的组织环境，以及为团队提供良好的教育。

## 6.2　巨型 LeSS

巨型 LeSS 中 Scrum Master 的角色本质上与 LeSS 中的角色是相同的，因此巨型 LeSS 不会增加更多与 Scrum Master 相关的规则。

### 指南：避免需求领域孤立

巨型 LeSS 最常见的问题是：需求领域之间没有合作。当组织结构、地点组织和需求领域之间是一对一的形式时，出现问题的频率最高。作为 Scrum Master，需要帮助避免这种情况的发生（参见第 4 章）。

---

💿提示
❑ 挑选一位正在帮助产品负责人团队的 Scrum Master，并向产品负责人团队提供改进反馈（参见第 8 章）。

❑ 让一个 Scrum Master 服务两个团队，每个团队属于一个不同的需求领域。

❑ 组织前面提到的社区活动（如内部聚会），但要跨需求领域。

❑ 组织跨多领域的回顾和跨至少两个领域的评审。

第二部分 *Part 2*

# LeSS 产品

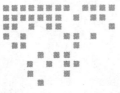

Chapter 7 | 第 7 章

# 产　　品

任何需要手册的产品都是失败的产品。

——埃隆·马斯克

## 单团队 Scrum

早期的 Scrum 是令人困惑的。

大多数早期的 Scrum 描述都将 Scrum 称为管理复杂项目的框架。Scrum 的创建者之一肯·施瓦伯在他所著的《Scrum 敏捷项目管理》一书开头就写到"我向您提供 Scrum，这是一个用于管理复杂项目的最复杂

两个产品还是一个？

和最矛盾的过程。"这让人感觉很奇怪，因为 Scrum 一直关注的是产品，而不是项目。在 Scrum 中有产品待办事项列表和产品负责人，没有项目计划，也没有项目经理。

幸运的是，这种混乱得到了解决。现在《Scrum 指南》指出，"Scrum 是一个开发和维护复杂产品的框架"，并取消了项目这一说法⊖。这有关系吗？关系巨大！我们将在本章中给予讨论：

---

　⊖　也要消除每个 Sprint 都像一个小型项目的观点。

> 把工作按产品而不是项目来进行管理会改变产品开发中的组织结构、决策和行为。

产品是什么？《Scrum 指南》对产品的含义以及产品的范围只字未提。也许是因为这很明显吧？但在大规模开发中，产品的定义很少是显而易见的，反而是需要做出的最重要的决策之一（参见 3.1.3 节）。

## 7.1　LeSS 产品

为什么产品的定义很重要？因为它会定义产品待办事项列表的级别高低和规模大小，确定谁是最终客户，以及谁是合适的产品负责人。

它也使巨型 LeSS 比人们想象的更普通。产品定义越广泛往往就会有越多的团队参与该产品的开发工作，从而导致 LeSS 采用变成巨型 LeSS 框架。

规模扩展时，与产品定义相关的原则包括：

**整体产品聚焦**——显然，不同的产品定义会产生不同的关注点。什么样的产品定义可以带来广阔的视角，同时仍然有充分的意义值得专注？

**系统思维和持续改进以求完美**——不同的产品定义导致更宽广或更狭隘的视野。假设更广泛的产品定义是优越的，那么它会引起什么样的系统性变化呢？如果产品定义是灵活的，它能帮助持续改进吗？

**以客户为中心**——无论选择什么样的产品定义，它都必须以客户为中心。扩大产品定义会加强还是削弱以客户为中心的原则？从这个角度来看，扩大产品定义的方向是更好还是更坏？

**以少为多**——更广泛的产品定义会让巨型 LeSS 比最初预期的更普通。这只是增加了复杂性，还是会让 LeSS 带来更多的收益？

### 7.1.1　LeSS 规则

> 产品的定义应尽可能广泛，并以最终用户 / 客户为中心。随着时间的推移，产品的定义可能会扩大。我们倾向于范围更广的定义。

### 7.1.2　指南：产品是什么

产品负责人对产品待办事项列表进行优先级排序，而团队以增量方式构建产品，同时保持对整体产品的关注。但是产品是什么呢？产品是团队的输出？还是任一部门碰巧正在构建的东西？还是一个组件？框架？平台？这一点重要吗？

非常重要。产品定义决定了产品待办事项列表的范围以及谁来承担产品负责人的角色。采用 LeSS 时，它决定了可以预期的组织变革的程度以及需要涉及的人员。"产品是什么？"听起来很简单，但事实并非如此，这是一个不可或缺的选择。

可以选择狭窄的定义产品。假设由二十个团队开发的一个组件是"产品"。这产生的结果是，一个并非以客户为中心的技术产品负责人和一系列产品待办事项列表上的技术条目。这样不好吗？是的。它无法销售，它不是以客户为中心，它不能提供客户价值，而且它经常导致构建的东西在技术上很酷，但不可用或不易用。

要么，选择广泛的定义产品。更广泛的定义往往更以客户为中心。当然，当产品定义过于宽泛时，它就会变得不切实际，因为它可能涵盖不太友好的部门，甚至不同的公司。此外，要想创建一个表述清晰、引人注目的产品愿景也会变得困难重重。

那么，应该选择什么样的产品定义呢？

在 LeSS 中，广泛的产品定义是首选的，因为它们能够带来：

❑ 实现以客户为中心且细粒度的优先级划分——总之，是对开发和产品的更优概观。

❑ 利用特性团队解决依赖关系。

❑ 与客户一起思考——更加关注真实问题和影响而不是更加关注所请求的"需求"。

❑ 避免重复功能。

❑ 创建更简单的组织。

**实现以客户为中心且更优的优先级**——狭窄的产品定义会导致许多单独的小型产品待办事项列表。如何区分它们的优先级？怎么知道由于没有全局视角而致使优先级不合理？结果呢？最好的情况是，在待办事项列表之间，而不是在待办事项列表条目层面，形成了大批量粗粒度的优先级排序。但更常见的是政治游戏，例如力推某人喜欢的团队，但这个团队正在超高效地持续交付低价值的条目。相比之下，在广泛的产品定义下，所有条目都处在同一待办事项列表之中，从而实现了细粒度的优先级划分，并拓展了对开发和产品的全局观。

**解决依赖关系**——狭窄的产品定义会导致不同产品之间的依赖关系。考虑这样一种情况：一个平台产品，上面构建了几个"应用程序产品"。它们之间的依赖关系是通过协调角色做大量的额外计划来进行管理的，而且协调角色可能需要单独设立。事实上，这些所谓的产品只是较大产品的各种组件，处理依赖关系的技术与组件团队组织中使用的技术相同。但是，我们可以用不同的方法解决这些依赖关系：使用广泛的产品定义，这些"依赖关系"实际上是在同一产品中，只需要把跨平台和跨应用程序的、以最终客户为中心的功能交给特性团队，就能够解决这些依赖关系问题。这样做就可以避免额外增加角色和复杂性。

**与客户一起思考**——狭窄的产品定义将解决实际客户问题的解决方案限制在当前产品范围内。例如，客户要求这样一个功能：导出 XML 中的数据，另一个"应用程序产品"导入该数据。如果产品定义范围很窄，即产品定义就是这些应用程序之一，那么它就会按照客户要求的那样加以实现，因为需求（解决方案）就限定在该产品范围内。但是，如果产品定义更广泛，它将会扩大团队的创造性范围，使团队可以探索更好的解决方案以实现用户想要实现的目标。对于数据导出部分，团队可能会想出一种方法在应用程序之间建立链接，消除用户对数据的手动导出和导入。

**避免重复的产品功能**——狭窄的产品定义可能导致开发出的产品是类似的产品或产品变体。这些产品或产品变体由独立的部门拥有，也意味着这些部门拥有或者将会拥有独立的代码存储库。当有多个产品需要类似或相同的产品功能时，最终：（1）将功能从第一个产品移植到其他产品，这往往涉及额外的协调和代码整理，并且很少能做好；（2）重新为不同的产品开发相同的功能；（3）创建新的内部"组件产品"并将所需的已有功能移到那里，这些做法与所有相关的组织复杂性盘根错节。

但是，在广泛的产品定义中，产品变体是通过一个产品待办事项列表并且作为一个产品来进行管理的。这样就只需要一个共享代码存储库，并避免了多次重新实现相同功能的需求。而且，它简化了组织。

**创建更简单的组织**——狭窄的产品定义导致"产品"之间的协调和决策需要额外的组织结构来管理，例如，"解决依赖关系"部分提到了协调角色。这种附加结构的另一个例子是项目（或计划）组合管理，这种管理方式就是要对大批量的需求进行优先级划分。由于一些不明的原因，对狭窄定义产品的开发必须优先考虑和资助。对此，传统的解决办法就是项目组合管理，即通过这种管理方式，大批量需求（构成了项目或计划）被放在一起，定期划分优先级并提供资金。请注意，对这种组合管理的如此明显的渴求，其后果是狭窄的产品定义产生了巨大的复杂性！

相比之下，广泛的产品定义所带来的是所有工作都处于相同的产品待办事项列表之中：所有优先级排序都通过一个产品待办事项列表来进行。这消除了对现已过时的项目组合管理的需求，从而使组织变得更简单[○]。

> 通过广泛的产品定义，LeSS 降低组织的复杂性，消除了不必要的、复杂的组织结构，并且是以更简单的方式解决了这些问题。

## 使产品定义范围缩小的约束力

广泛的产品定义是首要选择。然而，若将这一点发挥到极致则会导致"这个世界"只有一个产品待办事项列表。那么，什么约束产品的定义呢？简而言之，它们是共性和结构。

**共性**——待办事项列表中的条目必须是因为一些共同的原因才划归于同一产品。约束产品定义的三个关键共性是：

---

　○　公司级产品组合管理用以决定公司希望进入哪个市场。这种情况很可能在超大型公司仍然存在。

- **愿景**：共同的产品愿景可以激励人们，并促进人们发挥创造力。而过于宽泛的产品定义则会使"做事"的愿景泛化，人们便因此停止关心愿景。故而，所有的条目都应指向共同的、有意义的愿景。
- **客户或市场**：多种相关的小型产品可能服务于同一客户或市场。让产品定义包括所有这些小的产品有助于确定它们的优先级，并鼓励团队探索未能得到服务的客户的问题。但过于宽泛的产品定义可能会包含所有的客户，因此无法确定哪些客户的问题最需要关注。因此，所有的条目都应为一组明确的、通常相关的客户而准备。
- **域**：同一域中的多个产品通常共享大量相似的功能（或实现），并且要求相同的域知识。因此，扩展产品定义可避免重复功能，并允许更细粒度的优先级划分。但是，当产品定义扩展到多个域或过于宽泛时，领域专门化就不复存在，这将导致团队永远处于学习新事物的状态，甚至没有构建任何东西的时间。因此，所有条目都应属于一个或几个明确的客户域。

共性问题会导致产品定义变得狭窄或宽泛。

**现有结构**——现有结构也会约束产品定义的范围。在同一 Sprint 中处理待办事项列表工作的团队不断协调和集成他们的工作，并持续交付集成的产品增量[⊖]。当采用 LeSS 时，组织结构需要改变，但有时现有结构会妨碍产品的定义，因而阻碍组织结构的改变。这类结构有两种，它们是公司和部门：

- **公司**：产品的一部分可能由另一家公司构建，这会限制产品的定义。以下三种常见类型限制了由多家公司开发同一产品的公司结构：
- **雇用团队或外包开发**——其他公司的团队只开发此产品。因此，他们的开发是基于相同的产品待办事项列表，并且都在相同的 Sprint 中进行。要避免让这种结构长期限制产品的定义；也要避免把一个组件交给其他公司，因为这会导致"组件－团队"结构及其所有相关的问题。
- **定制组件**——另一家公司对他们的通用产品进行定制开发，但该产品是你的产品中的一个组件。他们无法在同一产品待办事项列表上工作，因为他们有多个客户，每个客户都有自己的产品待办事项列表。至少要尝试让他们不断地将其产品和定制组件集成到你的代码库中。
- **通用组件**——要么你的公司正在开发一个大型产品中的一个通用组件，要么你的公司正在使用其他公司开发的通用组件。无论采用哪种方式，构建通用组件的团队都不会在相同的产品待办事项列表上和相同的 Sprint 中工作。
- **部门**：LeSS 采用通常会涉及结构变化。但是，现有的部门结构会影响变化的程度，限制产品的定义。例如，应用程序 A 运行在平台 X 上，平台 X 也是内部构建的，只

---

⊖ 一个集成产品增量可以包括多个交付物，甚至多个可销售产品。这是一个很大的主题，我们在这里不做详细介绍。

有少数应用程序是基于平台 X 而构建。如果从组织结构层面上看产品 A 和平台 X 比较紧密，那么当采用 LeSS 产品时，它们应该合并在一起。A 和 X 都不是独立的产品，但都是广泛产品定义的一部分。然而，如果只有唯一一个共同的经理，且是五级以上的 CEO，那么就需要在 CEO 级别上来做合并决定。这是不切实际的，并且会在一开始就阻止 LeSS 的采用。因此，只需为 A 和 X 临时创建或继续保持其狭窄的产品定义，但要尝试随着时间的推移对产品定义进行扩展。

上一节提到了一个关键点：产品定义的范围可以随时间的变化而改变。稍后将在单独的指南中对此进行探讨（参见 7.1.4 节）。

## 7.1.3　指南：定义产品

决定当前的产品定义和未来潜在的扩展是 LeSS 采用中的一个重要步骤。这通常需要在早期不间断的讨论中或在专门的研讨会上来完成。

我们首先探讨扩展力，然后探讨约束力。采取的步骤如下。

### 步骤 1：尽可能广泛地扩展产品定义

无论当前产品如何，请提出以下有关产品定义扩展的问题：

❑ **如果我们问最终客户"我们的产品是什么？"他们的回答会是什么？**

此问题可消除组织内部对技术性产品的关注，增加对客户方面的关注。

❑ **我们是否有共享组件或跨当前产品的相同功能？**

此问题有助于寻找可能会成为一个产品系列的产品。

❑ **我们的产品是什么的一部分？产品为最终客户解决了什么问题？**

这些问题可帮助发掘你产品所属的较大产品或系统。

### 步骤 2：根据实际情况约束产品定义

通过提出以下问题来探索约束力：

❑ **什么是产品愿景？顾客是谁？产品的客户域是什么？**

这些问题探讨了产品中一定存在的共性。

❑ **哪些开发在我们公司内部进行？多大程度的结构变化是可行的？**

这些问题探讨了产品定义的组织结构边界。

### 步骤 3：确定初始产品定义

将广泛的产品定义（步骤 1 的结果）与实际的产品定义（步骤 2 的结果）进行对比，探讨什么是理想的、未来的产品定义。要做到这一点，需要做出哪些改变？

这些步骤的输出便是初始的产品定义及其未来的扩展想法。

### 产品定义示例

以下是产品定义的三个示例。注意！它们是简化版，否则每一个都可以写成一本书。

## 金融交易

金融交易组织通常是按金融产品类型（例如证券、衍生品）划分的，每一种产品类型又进一步细分为前台（交易）和后台（处理）分部。每个分部都有自己的业务和支持 / 开发部门。

简化的交易生命周期包括：定价、捕捉、验证和增益，以及结算。每个步骤都对应一个组件（或"应用程序"），例如衍生品定价组件或证券结算组件。可以说，不同产品类型的组件之间存在 50% 甚至更高的功能重复度。

传统的结构是多个组件团队，并且把例如证券结算组件等等分别看作是产品。是这样吗？让我们应用扩展力和约束力问题来作答：

❏ **如果我们问最终客户"我们的产品是什么？"他们的回答会是什么？**

可能是"完全交易解决方案"也可能是"完全证券交易解决方案"。

❏ **我们是否有共享组件或跨当前产品的相同功能？**

有，例如参考数据和市场数据，并且有些数据是潜在可共享的，但目前存在高度（但隐藏的）重复，如结算、交易捕捉等。

❏ **我们的产品是什么的一部分？**

如果有人声称证券结算是一个产品，那么它属于证券后台的一部分，证券后台又是证券交易的一部分，证券交易又可能是大型金融交易的一部分。此外，金融交易产品是包括若干同类产品和交易所的金融交易系统的一部分。

这些扩展性答案意味着需要把产品定义为一种允许客户交易的产品。它涵盖了证券和衍生品，从前台到后台，甚至可能更多。那么什么是约束呢？只需关注如下几个关键问题：

❏ **哪些开发在我们公司内部进行？**

我们的交易系统的开发都是在公司内部进行的，但证券交易所系统却是在外部。这无疑限制了定义。

❏ **多大程度的结构改变是可行的？**

证券和衍生品位于不同的损益中心，而前端交易人员专门操作一种金融产品。除非受到 CEO 的督促，总经理们并不会十分关心全公司范围的技术效率。因此，拓宽金融产品的种类还不切实际。

前台 / 后台技术分部使用的组件无疑应包含在一个更广泛的产品中，例如更广泛的、从前端到后端的证券交易产品。但是，每个总经理都会努力争取保住他们的领地，而组织中没有一个更高层次的人关注或特别关心是否应该把它们合并在一起。合并前后台目前在本质上有些不切实际。

综上所述，大多数约束性回答支持一种不包括外部证券交易所的整体交易产品。但最后一个问题——多大程度的结构性改变是可行的？——指出了进一步缩小产品范围的实际限制。因此，现实的定义产品可以始于这四种产品：（1）证券交易前台；（2）证券交易后台；（3）衍生品交易前台；（4）衍生品交易后台。

未来的下一步可以是将证券前台和后台产品合并为一个证券交易产品，同样的情况也适合一个衍生品交易产品。

## 电信基站

基站是电信网络的一部分，它与移动电话终端进行信息交流，并将其连接到互联网上。通常，会有成千上万的人参与基站的开发。每一代电信网络（2G-GSM、3G-WCDMA、4G-LTE、5G）都需要有不同类型的基站（或称之为基站变体）来支持。这些基站变体运行在不同的硬件上，并提供不同的功能。每一代电信网络通常还会针对不同市场推出不同技术的基站子变体。例如，对于 LTE，存在一个 TDD-LTE 和一个 FDD-LTE 子变体。电信集团通常围绕这些子变体进行组织划分。

一种基站变体由多个组件组成，主要包括平台、应用程序以及其他一些组件。平台为多个基站变体所共享，在传统上，平台所属的部门与应用程序所属的部门是分开的。

起初，产品定义似乎是微不足道的事情。但是，当它与扩展和约束问题放在一起做探究时，结果却远非微不足道。这里我们只探讨一些最重要的问题：

❑ **如果我们问最终客户"我们的产品是什么？"他们的回答会是什么？**

假设我们的终端客户是电信运营商，例如 AT&T，那么他们会说，你们的产品是一个特定的基站变体，例如 TD-LTE 基站。

❑ **我们是否有共享组件或跨当前产品的相同功能？**

有。这些变体的功能相似，而且共享一个通用的平台组件，这表明这些变体是一个产品。

❑ **产品为最终客户解决了什么问题？**

在没有电话和电信网络中其他组件支持的情况下，单个基站本身并不会提供任何价值或者有用的功能。实际上，基站只是大网络中的一个组件，这意味着扩展后的产品应该是整个电信网络。

这些扩展性问题表明整个电信网络应该作为一个产品。但这对电信行业的人来说显得有点滑稽，所以让我们使用约束性问题来探究其中的缘由：

❑ **哪些开发在我们公司内部进行？**

电信网络包含大量的元件或其他组成部分，它们可能来自许多家提供商，因此其不可能被视作一个产品。但是所有的基站变体都在一个公司内，因此将产品定义为基站（覆盖所有变体）是有意义的。

❑ **多大程度的结构改变是可行的？**

不同的基站变体都有它们自己的部门和独立的代码储存库……它们的起源相同，但一路分裂。从短期来看，要合并这些部门在本质上很难实现，而合并代码库也会是一项浩大的工程。

变体们所共享的平台组件也有其自己的部门，因此组织最初一定会抵制把平台放在一个变体中。所有这些都严重限制了产品的定义。

结论？不幸的是，尽管基站变体对平台组件具有恼人的外部依赖性，进而导致内部组件团队的不稳定性，但是初始产品定义必须是基站的一个变体。随着时间的推移，产品定义应包括平台并扩展到包括更多的基站变体。

## 网上银行

下面这个例子很简短，但它包含一个重要的结论。

银行服务组最初把网上银行视为他们的产品，然而，在探讨扩展性问题时，他们很快意识到网上银行本身根本不是一种产品。相反，这是他们获得真正产品——核心银行服务——的一个渠道。当他们发现网上银行其实只是一个组件后，他们意识到这是许多不必要的复杂性的根源，例如"产品"、计划管理和项目组合管理之间同步问题的复杂性。

不幸的是，通过约束力分析，银行服务组应该整合到实际产品中，但又遇到了相关事务上的阻力，因此他们的初始产品定义仍然是网上银行。然而，在这种情况下，应该扩展的不是他们的产品定义，相反，需要扩展核心银行服务产品使其包括网上银行服务。

### 7.1.4  指南：扩展产品定义

前面的指南明确了产品定义是必须做出的一种选择，并探讨了约束力如何导致初始产品定义不尽完善。这为使用产品定义作为持续改进的工具打开了大门。

在产品生命周期中，组织必须不断地问自己，"是什么妨碍了我们扩展产品的定义？"问题的答案可以推进组织结构未来的改进。从这个意义上讲，产品定义的作用与完成定义的作用极为相似，只是产品定义往往更难扩展，因为这种改变对组织的影响往往更大，会涉及不同的部门，包括他们自己的目标、损益和政策（参见第 10 章）。

### 7.1.5  指南：产品优先于项目或计划

由于项目管理的普及，大多数公司似乎认为所有的工作都必须围绕项目或计划来组织。然而是什么定义了项目？项目有明确的开始日期，会被忽略的明确的结束日期，以及貌似固定的范围。决策、状态跟踪和预算这些要素都是基于短期的项目目标。项目以推出发布版本为结束，当项目完成时，发布版本就完成了。

**产品不是这样的**！

相反，产品有明确的开始日期，不明确的结束日期，明确的目标，以及不明确且不断变化的范围。产品周期可能会比想象的长！一个产品有多个版本，这些版本只是向客户交付产品的时间点。每个产品都几乎包括软件开发的所有方面。不仅有大众软件或在线服务等显而易见的产品，而且还有交易系统等不太明显的内部产品。*产品比项目长寿*。

人们如此习惯于项目，导致没有注意到许多项目在公司中的用途是构建和扩展产品。但这是个错误！以管理项目的方式来管理产品有着严重的缺陷，这包括：（1）在做长期和短期权衡时，总是基于短期的决策来进行；（2）频繁的幻想式预算过程；（3）启动和停止项目的开销；（4）临时团队，甚至临时雇员。

---

不要使用项目或计划来管理产品！

---

LeSS 把产品当作产品来管理。这意味着一个产品负责人在产品的生命周期内拥有一个产品待办事项列表。优点包括：（1）正确看待短期 / 长期权衡；（2）财务预算基于产品未来价值而非特定功能；（3）消除项目和计划部门及相关开销；（4）拥有长期稳定的团队。

关于项目和产品的区别及其对组织的影响，可以说很多，也许值得用一本书来描述。

## 7.2　巨型 LeSS

对广泛产品定义的偏好会推动更多的巨型 LeSS 采用，而且采用案例的数量甚至比大多数人预期的还要多。如果狭窄产品定义至少能做到以客户为中心，这些较小的产品则可能变成单个较大产品定义的需求领域。例如，在前面提到的金融交易产品中，证券和衍生品可以成为需求领域。

第 8 章

# 产品负责人

我总是乐于学习，尽管我不总是喜欢被人教导。

——温斯顿·丘吉尔

在巨型 LeSS 组织中，产品负责人团队为条目做优先级排序

## 单团队 Scrum

一个产品负责人负责为客户展示卓越产品的愿景，并优化其产生的影响（ROI 等）。产品负责人需要研究和适应各种变化，从而不断改进产品待办事项列表，添加、删除和重新排列（重新排序）条目的优先级。产品负责人还需要保持各方面的透明度，让高级管理层、团队和客户始终能够看到。产品负责人需要与团队和客户合作以确保条目清晰，还需要灵活决定为每个新的 Sprint 提供哪些条目，尽管只有团队拥有选择权来决定选择多少个条目。只有

产品负责人才能向团队分配工作。由 Scrum Master 来指导产品负责人履行其职责。

# 8.1　LeSS 产品负责人

规模扩展时，如下这些原则与产品负责人相关：

**整体产品聚焦**——在大规模产品开发中，创建沙箱（人们在各自的沙箱中做事）很容易。一个产品负责人和一个产品待办事项列表是整体产品聚焦这一实践的基础。

**精益思想：避免负担过重**——如何让一个产品负责人负责多个团队，同时保持产品负责人的工作负载可控呢？本章中的许多指南都谈到了这一点，例如将大多数澄清工作委托给团队，再如，尽可能把团队与客户／用户直接联系起来。

**大规模 Scrum 也是 Scrum；系统思维**——真正的 Scrum 意味着合同游戏的终结。合同方式是一种传统的模型，在这种模型中，业务部门和开发部门之间首先协商确定固定范围和固定日期的内部"合同"，然后开发部门开始执行项目，以交付合同内容。需要说明的是：Scrum 并不是一种有效的内部合同交付机制，而是一种模式的转变，转变为注重客户协作和适应客户，每个 Sprint 都有交付，以及一个由来自业务部门具有决策权的人员担任的产品负责人。在大规模的传统开发中，这种合同游戏完全融入了组织设计中，并交由管理着内部合同、无数个相关职位、政策和流程的计划管理办公室来全权负责。当 LeSS 被引入到这个环境中时，它被错误地认为是一种要适应当前模型而不是替换当前模型的东西。因此产品负责人角色被错误地认为要由计划或项目经理来担任。

**以少为多**——LeSS 实现了一种可能性，即只需一个人就可以有效扩展产品负责人的角色，大大减少了角色、职位和复杂性。

## 8.1.1　LeSS 规则

---

一个完整的可交付产品对应一个产品负责人和一个产品待办事项列表。

产品负责人不应独自处理产品待办事项列表梳理工作；而应鼓励多个团队与客户／用户及其他利益相关者直接合作，并从中获得支持。

所有优先级顺序都由产品负责人确定，但优先级的澄清工作应尽可能直接在团队、客户／用户和其他利益相关者之间进行。

---

## 8.1.2　指南：谁应该成为产品负责人

在一个采用 LeSS 的组织中，到哪里找产品负责人呢？

### 步骤 1：了解开发类型

在哪里找到产品负责人取决于开发类型。图 8-1 概括了一些主要的情形。

图 8-1　开发类型和产品负责人位置

**产品开发**——面向外部客户或市场。

**内部（产品）开发**——针对公司内部的一个或多个团体。开发团体称为 IT、技术或系统开发。

**项目开发**——通常针对一个外部客户。以项目的形式来组织和承包工作，尽管这不一定意味着必须设置固定范围/日期/成本的项目合同（参见 agilecontracts.com）。开发公司通常是外包商或系统集成商。客户公司内部包括付费客户和用户两种类型，但他们并不总是在同一个部门。

### 步骤 2：找到产品负责人

**产品开发**——公司往往要么有一个推动产品创新（例如零售银行服务）的业务单元，要么有一个产品管理部门。传统的产品管理负责客户和竞争对手分析、产品愿景、粗粒度功能筛选和优先级排序、产品路线图等。他们不管理传统开发团体的工作，因为这是由开发经理来管理的。开发经理的责任（显然）是，满足内部大批量需求范围和交付日期的"承诺"、负责团队之间的协调等。

那么，该在哪里为采用 LeSS 的产品团体找产品负责人呢？如果有产品管理部门，那么从中找产品经理是一个很好的选择。否则，就从推动产品创新的业务单元中去找。

**内部（产品）开发**——在 LeSS 中，优秀的产品负责人来自未来将会使用该系统的团队，参与过与该系统真实功能有关的工作，并具有丰富的动手实践经验。这类人非常接近真正的用户。一旦成为产品负责人，他们就需要对产品拥有严肃的独立决策权。

**（外包）项目开发**——关键点是，产品负责人来自接收系统的公司，与内部开发一样，其参与过系统的实际工作，并具有丰富的动手实践经验，非常接近用户。

无论是内部开发还是项目开发，一种常见的情况是所开发的系统被许多个部门使用。在这种情况下，优秀的产品负责人可以从某一主要用户部门中遴选，因为这样的人选通常具有丰富的实际经验、灵活的政治头脑，且对承担这一角色非常有兴趣。

最后，无论哪种情况，优秀的产品负责人总是对产品充满热情、拥有政治悟性且富有魅力。

### 步骤 3：赋予产品负责人权力和责任

产品负责人不是负责交付工作范围和日期合同的传统项目经理或项目群经理的新名字，也不是项目专家的新名字。相反，作为产品负责人，其拥有独立的权力来做出严肃的业务决策以选择和变更内容，发布日期、优先级、愿景等。当然，与利益相关者合作是必需的，但真正的产品负责人拥有最终决策权。

### 多地点提示：靠近客户而不是团队

撇开全球大众市场的情形不谈，有一点很重要，即在地理位置上，与团队相比，产品负责人要与客户和用户相距较近。作为产品负责人，不要与团队，而要与客户同在一地，否则，就会变得过度专注内部，而忽略付费客户和用户。

这意味着要与远程团队举行多地点会议（Sprint 计划一，……）。利用视频协作工具可以让这种会议相对有效；我们已经看过很多这样的例子。

### 8.1.3 指南：选择临时伪产品负责人以尽早启动采用

通常，LeSS 的采用是由开发团体内部驱动的。假设开发团体决定，"首先在业务方面找一个优秀的产品负责人，然后再开始采用 LeSS。"那么，这种做法会导致如下潜在问题：

- ❏ **启动晚**——业务部门中除了发起变革的人，其他人员经常会忙于参与大事情，他们不了解变革会带来的好处，也不知道如何当产品负责人。因此，要从这里找到一个产品负责人，需要不少时日。
- ❏ **以混乱开始**——在开发团体的第一个（或第二个）Sprint 中，可能会出现一点混乱，甚至一场灾难，大量的问题也会随之暴露出来。最好的情况是，来自业务部门的新手产品负责人能够了解正在发生的事情，并且有耐心。而最坏的情况则是，她只看到一团乱麻。所以得出结论："LeSS 把事情弄得越来越糟，而且我不知道为什么在早期阶段什么都还没有做时，就让我参与进来。"

因此，在这种情形下，可以选定一位临时伪产品负责人来快速启动 LeSS 的采用，只要这个人了解当前的情况，有能力承担产品负责人的角色就可以，而不必一定要来自业务部门，拥有专门的业务知识，或承担盈利责任。临时伪产品负责人与团队努力协作完成几个 Sprint，并且使大多数扭结的问题都得到解决，而且，有一点很重要：在每个 Sprint 中，确保团队都可以实现真正"完成"的可交付增量（或接近的交付物）。为什么说这一点很重要呢？因为这样，当开发人员走进业务团体，邀请他们和真正的产品负责人一起参与时，他们将能够展示一种引人注目的全新能力，正是这种能力带来了非常明显的商业利益。太吸引人了！

非常重要的一点是，每个人都应明白临时伪产品负责人是……假的，并且要尽快更换。

### 8.1.4 指南：那些用户 / 客户是谁

我们所说的客户是指那些购买、获取或选择商品的人，或者深入参与商业决策的人。

用户要复杂一些，特别是在大规模开发中，组织孤岛使得开发人员很难知道用户是谁。我们所说的用户，尽管并非总是，但通常是指使用该产品的实际操作人员。用户并不总是付费客户或高级决策者。那他们是谁，他们在哪里？或者更具体地说，谁是需求和提出需求的本源？谁应该来验证产品功能并提供反馈呢？

在大多数情况下，LeSS 的目标是为了显著增加开发人员与需求真正来源方之间的直接协作，以澄清需求⊖。但是，有了思维和行为的巨大转变才能对现状和流程发起挑战。因此，产品负责人需要积极推动旧结构的更替，并在开发人员和用户之间起到一个连接点的作用。

---

⊖ 自始至终，用户主要是指着真正动手使用产品的人。

| 类型 | 子类型 | 需求来源 | 谁来进行功能验证并提供反馈？ |
|---|---|---|---|
| 产品开发 | 以创新为导向，且会受到新技术或标准驱动的强烈影响 | 没有真正的用户甚至代理会提出需求。相反，需求来自内部的产品经理（包括产品负责人）、团队成员等 | 伪用户：候选用户、内部志愿者和以前相关产品的用户 |
| 产品开发 | 由客户需求驱动，属于大众市场 | 用户代理，如产品经理、营销人员、团队成员和其他面向客户或市场的专家。使用候选用户或现有用户焦点组 | 来源方 |
| 产品开发 | 由客户需求驱动，只来自客户，例如只有 50 个客户 | 来自多个客户的实际操作用户 | 来源方 |
| 内部开发 | 正式员工 | 内部实际操作用户 | 来源方 |
| 内部开发 | 特殊变革行动，例如监管 | 特殊变革的来源，如决策者或监管者 | 来源方 |
| 项目开发 | | 一个付费客户的实际操作用户 | 来源方 |

注：这里只给出简单的介绍，而不去深入探讨。

## 8.1.5　指南：优先级确定胜过澄清

Scrum 中有两个与产品负责人相关的关键信息流：（1）以自适应的方式决定产品的发展方向，并将这一决定反映在产品待办事项列表优先级中；（2）发现并澄清用户需求和条目的细节。第一个信息流（方向和优先级）的目标是查找和分析与利润驱动因素、战略客户、业务风险等相关的信息。第二个信息流（细节和澄清）的目标是探索条目的细粒度行为和条目的质量、用户体验等。

作为产品负责人，需要专注于努力思考产品方向和条目优先级顺序，而将细节发掘工作尽可能多地委托给团队。需要鼓励并帮助团队与用户直接对话，充当连接者，而不是中间人的作用。简而言之，产品负责人主要关注的是优先级，而不是可以委托给团队的、详细的澄清工作。

## 8.1.6　指南：不要做这些

作为产品负责人，可能会想，"哇，就一个产品负责人，要面对一个拥有六个团队、大量需求和无数利益相关者的产品开发，自己能应对吗？"

作为 LeSS 产品负责人，很容易被赋予过多的责任。产品负责人指导开发以实现产品愿景，她参与如此之多的工作，包括以下所有方面：

❏ 方向和优先级——决定下一步的发展方向

❏ 愿景、演进和采用技术——着眼于长远

❏ 人际关系和政治——让每个人都快乐（足够地）

❏ 判断和预测——评估市场和竞争对手

这些都是核心责任，产品负责人应予以关注。但其他方面也有时间吸血鬼在吸取着时间：

□ 澄清——探索条目的详细含义

□ 管理工作——报告和跟踪指标

□ 跨部门协调——联系生产、销售等

□ 了解市场、技术和竞争对手

这些东西最好委托给团队。另外,产品负责人不应承担以下任务:

□ 管理依赖项或在团队之间做协调工作

□ 预测和规划团队的工作

□ 质疑估算数字

□ 甚至,在人与人之间传递信息

### 8.1.7 指南:产品负责人帮手

谁可以分担产品负责人的工作?

**团队**——首先也是最重要的:利用团队。逐渐消除开发和产品管理工作之间的壁垒,使团队越来越多地参与到业务之中。这不仅可以分担产品负责人的工作,还可以增加团队的参与度并让团队看到整体。有人考虑过让团队学习如何做市场调查吗?试着计划一下!只需在产品待办事项列表中添加条目(例如"市场调查"等)即可。如前所述,请把条目澄清工作以及与用户的会议委托给团队。

**产品经理**——如果产品负责人是产品管理组的成员,那么她可以向其他产品经理寻求帮助。

**发布经理/协调人**——对于大型产品,需要其他部门参与大量的准备性工作,例如为客户支持、销售支持和生产制造等做准备。在传统的大型组织中,通常由称为发布经理的人来处理协调工作。如果在 LeSS 采用中,仍然还有未完成工作,例如未完成的跨部门协调任务,请不要让产品负责人去执行。如果是小任务,指派一个正式的团队成员去完成应该就可以了。但如果是一项较大的任务,例如运输电信设备,那么仍然需要现有的发布经理来全职处理。至少,应该确保有一个完整的完成定义。发布经理为产品负责人和团队提供服务和支持;反之亦然。

如果帮手忙不过来,使得需要产品负责人全职投入(例如电信设备发布的跨部门协调人),那么表明她是"产品负责人团队"的一部分。也就是说,"产品负责人团队"的核心含义是总产品负责人加上所有领域产品负责人,这是巨型 LeSS 框架的术语。

---

小心!"产品负责人团队"中没有分析师、需求说明编写人员、UI/UX 设计人员或架构师。这些角色会导致现状问题和新标签旧结构问题。专家们应该加入常规特性团队。

---

## 8.1.8 指南：五种关系

图 8-2 显示了大规模开发团体中与产品负责人相关的五种关键关系。

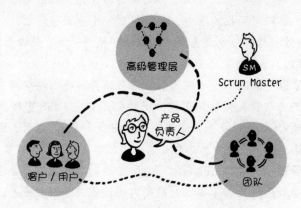

图 8-2 产品负责人的五种关系

许多采用 LeSS 的开发团体能够迅速掌握产品负责人与团队的关系，但不太重视其他关系，尽管这些关系对成为成功的产品负责人很重要。因此，接下来的部分将对它们进行详细介绍。

### 产品负责人 - 团队关系

传统的开发团体各自独立。在我们曾经工作过的一些开发团体中，产品或业务经理（其中一人将是产品负责人）从未与（甚至从未见过）开发人员合作过。当双方走到一起时，彼此都缺乏信任或理解。要知道，开发人员总是以成功开发出功能为荣、为乐。当他们有目标感的时候，会走得更远，而且他们会直接与实际操作的用户相关联。

从产品负责人那里，团队需要了解产品和市场前景，以及下一步要创建什么。而对于产品负责人来说，她应该掌握信息，了解团队需要什么以及如何帮助他们。

---

提示 ❏ **共同责任**——虽然有一个人拥有产品负责人的头衔，但在一个伟大的企业中，组织结构和文化会激发每个人内在的主人翁意识，而且人们把这种主人翁意识当作是他们自己的产品。产品负责人为此所做的贡献是：她鼓励团队在整个产品待办事项列表梳理和 Sprint 评审过程中提出他们的想法，并积极寻求团队的帮助以完成面向业务的任务（参见 11.1.3 节）。

❏ **同事，而不是劳工**——如果团队以层级权力关系的方式直接或间接向产品负责人报告，则应对这种结构做出改变，以便团队和产品负责人进行对等的协作。工作中，产品负责人不能像对待劳工那样对待团队，而是要培养合作关系（参见 4.1.6 节）。

❏ **向团队寻求帮助**——产品负责人可能会感到产品管理任务之繁重。这里有一大群聪明的人，那就是团队，需要时他们愿意提供帮助。

❑ **建立信任**——信任的基础是透明度；在产品负责人的行为和产品待办事项列表等方面都要展示出透明度。解释工作的目的和优先级背后的原因，并允许团队对此提出挑战。解释所面临的压力，而不将这些压力转移给团队。询问团队需要什么帮助；所有这些都将能创造出更多的信任和善意，而不是试图把工作推给团队（参见 5.1.3 节）。

❑ **帮助，除了以下情况…**——应团队要求帮助其解决问题并建立信任。但是，如果团队要求产品负责人做协调工作——协调工作在 LeSS 中可是团队的责任——那么怎么办呢？（顺便说一下，这在新团队中很常见）。这时，Scrum Master 可以给予帮助，让产品负责人拒绝这种要求，当然需要解释原因（参见第 13 章）。

❑ **不要微观管理**——在 Sprint 期间，团队会通过自管理朝着他们的目标迈进。产品负责人不要跟踪进程、不要在此期间向团队成员分配任务等。当然她在这些方面可以提供帮助。

❑ **回顾**——不要将整体回顾视为产品负责人既可参加也可不参加的活动。参加并向他人学习如何让彼此的关系不断改善。

❑ **走访团队工作地点**——产品负责人偶尔会走访团队的工作地点并与那里的团队一起参加 Sprint 活动。除了有效的面对面会议，还有更多交谈的机会。通过这些活动可以增加知识，增进协调性。如果产品负责人没有微观管理的问题，对团队的走访还可以增加善意和信任。她会更好地了解团队的情况，反之亦然。走访完成并离开后，当她再次与远程团队进行视频会议或消息传递时，相比以前相互之间感觉就更加熟悉了。

---

## 产品负责人 – 客户 / 用户关系

过去的团队：强孤立，弱反馈。我们曾与一些大型产品组合作过，这些产品组的新产品负责人以前从未与用户会过面。或者，如果有，也很少，并且也不会寻求深入的反馈和重复这样的过程。作为 LeSS 产品负责人，需要鼓励用户与团队一起定期学习有关频繁发布、透明度和检视等方面的知识。

从产品负责人那里，客户和用户需要知道他们会在何时以及如何（以良好的方式）受到影响，优先级顺序背后有什么样的原因。让客户和用户参与进来，什么也不要隐瞒，保持透明。对产品负责人而言，需要与客户 / 用户一起了解他们的真正目标或问题（或超出其视野的设想），获得有助于其确定优先级的相关信息。

---

🎯提示 ❑ **教育**——作为产品负责人，需要解释为什么和如何向 LeSS 转变将能让客户 / 用户受益，以及哪些变化他们可以参与进来。变化之一是所有新的请求最终将转发给产品负责人，而不是通过旧的请求网络直接转发给开发团体。向 Scrum Master 寻

求帮助，向其学习如何进行沟通。

❑ **与用户一起参与**——邀请付费客户和实际操作用户，与团队和产品负责人一起参与到 Sprint 评审以及面对面的产品待办事项列表梳理会议中。

❑ **至少每个 Sprint 都要交付**——每个 Sprint 结束时，甚至更早（除非当前不可能或不合适），都要交付有价值的功能。当客户在使用每个 Sprint 交付的新产品增量时遇到了障碍，请与团队一起，消除这些障碍。

❑ **提高透明度**——例如，解释产品待办事项列表和优先级的原因。当变更会影响客户时，快速通知客户。

---

## 团队 – 客户 / 用户关系

大型产品组中的传统开发团队很少与付费客户和用户交互。作为一个优秀的产品负责人，总是希望团队能够关心这一点，即他们是为客户创建一个伟大的产品。这需要对团队有同情心，也需要与团队进行直接沟通。团队需要来自客户 / 用户的、与功能相关的上下文和详细信息，而不是间接和分散的信息。理想情况下，团队应该通过掌握客户的基本（而不是表面的）目标和问题，直接与客户共同创建解决方案。

对于客户，团队需要确认他们完全理解问题、目标，以及正在澄清的需求。

即使在辅导 LeSS 开发团体时，我们也遗憾地注意到，避免团队和用户直接交互的这种老旧做法仍在继续使用。有时会有一个由分析师和 UI/UX 设计人员组成的假 "产品负责人团队" 与用户进行需求澄清，于是导致了更多的交接问题。为什么？除了地盘式保护和由于专家们加入真正的特性团队而引起的恐惧之外，团队有时会因为之前的孤立思维和欠缺的技能而不愿意与客户做需求澄清。另一个原因是相信 "如果只由一个人来编写需求说明，效率会更高" ——这是局部优化的观点。还可能是存在一种恐惧，即害怕团队和用户之间的公开讨论会导致需求范围的蔓延。有时，还因为产品负责人有编写需求说明的背景，她不习惯把这项工作委派给他人。

为了让 LeSS 所带来的效益最大化，仔细了解这些回避行为并积极联系团队和用户非常重要。

---

❑ **作为连接点**——产品负责人需要鼓励并安排客户 / 用户在以下方面与团队直接交互：产品待办事项列表梳理、Sprint 评审（用功能 / 教功能）、易用性研究、工作中的 "现场研究"⊖、安装活动、培训等。

❑ **共享业务活动**——邀请开发人员参与业务开发活动、业务分析、营销等。

❑ **教授与客户交谈的技巧**——有人会说："我们不能让开发人员与客户交谈；他们会

---

⊖　克雷格的第一份工作是 20 世纪 70 年代在一家保险公司开发软件，公司要求开发人员在工作场所花时间与实际用户打交道，帮助他们完成工作，以更好地理解他们的背景和需求。

说傻话。"这个问题确实存在，但可以解决。产品负责人需要为开发人员教授知识，或要求组织提供一个小型课程，例如"客户沟通101"。

❑ **与客户关系部门合作**——如果有部门认为他们的职责是"管理客户关系"，那么与他们合作，把团队与客户连接起来是一个很好的计划。如果这样做太慢，则不要等待或依赖组织结构，作为产品负责人，要勇于打破传统界限，克服障碍，将团队和客户联系起来。

❑ **整合中间部门**——传统业务部门会使用中间业务分析、UX或变更管理等子部门或小组来收集和编写需求。其中的人员确实可以承担一个有用的角色：作为特性团队中的全职成员，而不是中介角色。除了Scrum Master和支持经理之外，产品负责人的工作是确保LeSS的组织设计转变为真正的特性团队，并消除这些部门和单独的职能小组，创建一个更简单的组织。（这些提示的重点是描述产品负责人如何培养更好的"团队－客户"关系。有关团队与客户关系的提示，请参阅第9章和第13章。）

## 产品负责人－高层管理者关系

我们注意到，在传统的组织中，没有人对产品的成败负真正的责任。产品管理部门在一年前把需求清单交给了开发部门。开发部门还没有开发出清单中太多的功能，销售就已做出了不切实际的承诺，并且……所有这些让管理层发疯。

在LeSS中，产品组之上的高层管理者（组合管理人员，C级别主管，……）应明确无误地将产品负责人视为最终责任和义务的承担者。当与高级管理层的关系比较顺畅时，产品负责人将会获得所需的支持，以便专注于交付卓越的产品。

产品负责人负责使产品开发状态对高层管理者清晰可见，并实现其要求的（也可能是隐含的）任务，以优化预期会产生的影响（ROI，市场份额，……）。产品负责人在Scrum Master的支持下，致力于改进组织设计，从而使产品团体通过业务敏捷性获得竞争优势。

当高层管理者不认为产品负责人应对产品成功负责时，产品负责人将会遇到以下问题：

❑ 未授予制定和执行坚定的产品决策的组织权力。

❑ 对于资源没有足够的影响力，包括资金、更多或更少的团队、工作地点等。

虽然这些问题可能存在于单一产品公司，但在多产品公司中最常见。为什么？假设企业有五个产品组，其中只有一个产品组采用LeSS。于是，产品组（高级管理层等）一直与四个传统产品组互动，他们期望看到某些传统的指标、里程碑和报告。但是，他们被要求通过产品负责人来与LeSS产品组互动，而且互动的内容是工作成果和适应能力等。此外，LeSS采用可能是由LeSS产品组内部，而不是由高层管理者驱动的。从本质上讲，这就是要求高层管理者在两套根本不同的组织原则之间进行转换……他们甚至可能还没有意识到这一点！对于产品负责人来说，掌握这种动态是很重要的，并且要积极地减轻错误的预期和这种动态可能造成的混乱。

提示 ❑ **自我评估**——要想成为产品负责人的人们，可以对自己进行一个评估，好的候选人具有以下特征：（1）与高层管理者有着牢固的、受到尊重的关系；（2）热衷于变革并坚持到底；（3）对产品和客户充满热情；（4）拥有或将拥有严肃的决策权，（5）渴望拥有所有权。

❑ **教育他人并推广角色**——产品负责人可能是公司中的一个新角色。其他人不会理解这一点，除非产品负责人推销自己，推销这一角色的益处，否则他们永远不会理解。产品负责人需要为高层管理者提供教育；如果产品负责人这样做了（强调参与），这很理想，但可能需要 Scrum Master 的帮助。

❑ **与"产品负责人"沟通**——当高层管理者提出了解产品或状态的要求时，产品负责人应为默认的联系人。产品负责人应该告诉大家并强调这一点。

### 产品负责人 – Scrum Master 关系

其他的关系与产品的"产品所有权"直接相关。但这一种关系不同，它与产品负责人的知识和行为有关。如果有一个熟练的产品负责人与团队一起不断改进，那么团队就有更好的机会通过使用 LeSS 来优化效益。而且团队会更快乐！

从产品负责人那里，Scrum Master 需要知道关切点、问题和障碍，这样他们就能提供帮助。优秀的 Scrum Master 可以是善于聆听的耳朵，或者别人哭泣时的肩膀。对于产品负责人来说，Scrum Master 可以为其提供教育和反馈，帮助其更好地学习。产品负责人可以提出要求，比如要求为团队提供指导。

提示 ❑ **只有几个**——产品负责人只与一个到两个 Scrum Master 密切合作。

❑ **作为学生**——产品负责人通过参加 Scrum Master 的课程、听取他们的建议、与他们进行结对工作（例如了解并设置产品待办事项列表优先级）、观察他们在 LeSS 活动中充当会议协调员等方式来学习相关的知识和概念。

❑ **反思**——产品负责人可以要求团队和其他人对其行为提供反馈，并要求他们对各种情形的工作进行反思。

## 8.1.9 指南：客户协作胜过……

持续的优先级排序意味着需要"始终"更新产品待办事项列表中现有条目和新条目的优先级顺序，以优化各方学习产生的影响。理想情况下，至少每一个 Sprint 都要交付早期价值、增加透明度和获得反馈。反馈反过来又将影响新的优先级顺序。

对于一个从大型传统产品组织转型为 LeSS 的组织来说，持续的优先级排序通常会导致人们的心态和行为产生戏剧性的变化，因为他们以前玩的是合同游戏，尽管有时仍会玩，但在这里已不再合适。

### 合同游戏

在传统的（特别大的）开发组中，通常是业务单元或产品管理组一方与开发组协商制定一个内部的固定范围"合同"[⊖]，合同内容需要在特定日期前或者通常是在特定成本范围内交付。合同随后移交给开发组，开发组被告知"要对它做出承诺"并负责交付合同内容。

在产品开发中，固有的复杂性和可变性使确定的范围、细节或工作承诺估算变成了一种幻想。因此，履行强制性的承诺就像是企业或产品管理组与开发组之间进行的指责游戏。这种游戏导致了产品质量和组织能力缓慢且不可避免地下降。原因是什么呢？

简而言之[⊖]，为了实现强制性的承诺，即内部约定，游戏可以帮助取得一个大家都能看到的短期胜利。在这个过程中，问题可能会通过快速反应或捷径得到解决，但这些快速反应和捷径往往会被延迟，因而造成间接的负面影响，产生技术债务。那些强制团队履行承诺的人很少会留下来继续第二个合同游戏，所以他们永远不会经历这些技术债务在未来产生的后果。因此，当下一个合同游戏开始时，情况甚至会变得更糟，如此这般便开始了恶性循环。最终，该产品滑入了最糟产品阵营，并退役成为"遗留系统"。

采用 LeSS 框架意味着放弃固定范围的幻想，放弃合同游戏，并利用一个接一个的 Sprint 中的各种信息来指导产品开发，使产出价值最大化。这并不意味着没有长期的计划，而是意味着不要把计划与现实混淆起来。它意味着学习和应对变化，而不仅仅是遵循计划。

## 8.1.10　指南：至少每个 Sprint 都有交付

对于大型产品组织来说，要在每一个 Sprint 中都能真正地向市场（或向内部用户）交付意味着组织需要在思维和行为方面做出巨大改变。我们知道对于某些情况，目前还不可能做到每一个 Sprint 都有交付，例如复杂的硬件开发。但是，总的来说，纯软件产品开发是有可能的。我们也承认在有些情况下，不适合或不可能每一个 Sprint 都能真正地交付，例如，遇到一次配合营销活动的大发布。

但是，作为产品负责人，只要可能，你就应决定在每一次 Sprint 中（甚至更频繁地）交付。为什么？原因包括：（1）提早交付价值；（2）获得对新功能有效性的反馈，以便在未来的 Sprint 中更好地调整；（3）提高对不断变化的业务需求的响应能力；（4）开发团体的深度改进，因为阻碍频繁交付的摩擦会变得非常明显，需要解决；（5）团队从成就感和进步感中获得更好的内在激励；（6）因为成果明显，利益相关者之间的信任增加。

每个 Sprint 交付（或频繁交付）还有另一个好处，它与组织对变革的抵制程度成正比（在大型产品组中更明显），即……

---

⊖　本合同是内部协议，不是对外商业合同。

⊖　这是一组迷人的系统动态，我们在《精益和敏捷开发大型应用实战》一书中的"产品管理"和"遗留代码"两章，以及《精益和敏捷开发大型应用指南》一书中的"系统思维"和"组织"两章中对此做了剖析。

> 交付胜于雄辩。

每个 Sprint 交付可以产生强大的、切实的影响,这一点打破了大型产品组中关于变革的许多争论,并很快成为使用 LeSS 能够产生更多交付的有力证据。

一旦做到每个 Sprint 交付,就可以探索更频繁的功能交付,为客户提供持续不断的价值流。

### 8.1.11　指南:不必太友好

假设有一个新成立的 LeSS 产品组,这不会是全新的! 受过训练的人们更倾向于接受平庸的习惯。由于长的发布周期和相互孤立,旧系统中的这些习惯被人们容忍了,甚至看不到。

因此,新的 LeSS 产品组很少能够在 Sprint 结束时交付“完成”的条目。这一点是可以理解的,因为团队需要时间变成真正的团队,需要时间学会学习。这甚至是意料之中的事……但并不是提倡的做法。

作为产品负责人,在为团队设定期望方面发挥着关键作用。这样的情形一定会发生:团队找到产品负责人,告知其有一组条目只是半成品。熟练的产品负责人可能会表示同情……但不会“接受”。所以,不必太友好。相反,要非常清楚地向团队表明那些条目是没有完成的,并且希望团队改进工作方式,以便交付完成的条目。

这并不意味着要求所有最初计划的条目在每次 Sprint 中都能完成。这种要求只会导致合同游戏弊端的回归——透明度降低,为避免惩罚而拼凑,以及产品质量和学习热情下降。为了管理开发的可变性,团队可以从 Sprint 中取消条目,甚至不启动它,这是可接受的。而本指南针对的是条目中草率的不完整的工作,这些工作团队有能力做但却留下一半没有做,其原因是多年来没有创建过真正“完成”的端到端的功能。

我们经常看到“友善”的产品负责人接受由于平庸的实践和孤立的思维而导致的未完成条目。这种默许的做法会导致团队持续地表现不佳。作为产品负责人,应确保团队知道他们需要改进和扩展完成定义,而不是削弱它。

一旦明确了这一点,组织就必须快速有效地提供具体的措施来帮助改进。否则的话,团队的动力和信任就会因此而被损害(参见 5.1.5 节)。

### 8.1.12　指南:松手

“不必太友好”并不意味着微观管理。在高效的 LeSS 采用中,特性团队是自管理的、同地点的,他们负责所有工作并与其他团队协调。在短时间内交付(或未能交付)完整的产品可以带来高透明度。所以,在 Sprint 中试图控制开发的习惯可以松手了。

许多团队不擅长自管理,但这种弱点并不能通过告诉他们怎么做得以解决! 他们需要空间和时间,以及一个熟练的 Scrum Master 来帮助他们成长。

在 LeSS 组织中，产品负责人的控制是轻量级的、简单的。例如，作为产品负责人，可以如下行事：

1. 在 Sprint 过程中，不要检查团队或要求他们提供状态报告。任何其他管理人员也不应该这样做。让团队自行其是。产品负责人需要做的是关注客户，为未来 Sprint 做好准备。当然，如果团队寻求帮助，就需要提供帮助。

2. 在 Sprint 评审中，使用产品，并了解使用的情况。以自适应的方式决定下一个 Sprint 的目标。

3. 在全体回顾中，检查并了解哪些流程、环境和行为产生了阻碍或帮助作用。根据情况，与团队讨论并确定相应的改进试验。

如果控制似乎无力或者无效，通常的对策是缩短 Sprint 时间，通过更好的完成定义来增加透明度，以及更频繁的发布。

### 8.1.13　指南：不要让未完成工作毁掉自己

简单来说，完成定义和潜在可交付之间的区别形成了未完成工作。在传统大型组织中第一次采用 LeSS 时，这种情况尤其常见。阅读本指南的快速版本：本书第 10 章，其中解释了未完成工作及其含义。

作为产品负责人，需要确保任何未完成工作都能被明确地识别出，明白如何处理这些工作，并与团队一起努力消除这些工作。为什么？因为未完成工作意味着延迟和风险。

处理未完成工作的最好方法是不要留下任何未完成工作，并做到每个 Sprint 都有发布。

### 8.1.14　指南：LeSS 会议

在我们介绍 LeSS 时，有一个问题常会被问到："一个产品负责人如何管理所有团队的所有会议？"幸运的是，这个问题源于一种误解。一个 LeSS 产品负责人不会参加每个团队的每个会议。例如，只有一个共同的 Sprint 计划一会议，所有团队成员都参加。

产品负责人会参加什么样的 LeSS 会议？在典型的两周 Sprint 中，会议的实际平均时长是多少？

1. Sprint 计划第一部分：1 小时。
2. 如果进行总体产品待办事项列表梳理：1 小时<sup>⊖</sup>。
3. Sprint 评审：2 小时。
4. 全体回顾：1.5 小时。

所以，总的开会时间比新产品负责人想象的要少：实际上，两个星期的 Sprint 一般总共需要六个小时。

当然，当产品负责人需要与团队交谈时，不要等这些会议。边走边谈就可以！

---

⊖　LeSS 中的一种可选会议。请参阅本书 11.1.2 节。

## 8.2　巨型 LeSS

大规模扩展时，与产品负责人相关的原则包括以下两项：

**整体产品聚焦**——整个领域待办事项列表有大量的细节如同泛滥的洪水会淹没产品负责人的视野，使其无法看到全局。而且由于领域产品负责人在其领域内有很大的自由度，他们可以引入新的方向和细节，因此要保持全局视野更是难上加难。

**以客户为中心**——当大量需求横跨多个领域时，要实现一致的用户体验或完整的端到端解决方案，需要进行更多的协调。

### 产品负责人团队

总体产品负责人和领域产品负责人组成产品负责人团队。

> "产品负责人团队"中没有分析师、需求说明编写人员、UI/UX 设计人员或架构师。这些角色会导致现状问题和新标签旧结构问题。专家们应该加入常规特性团队。

### 8.2.1　巨型 LeSS 规则

> 每个需求领域有一个领域产品负责人。
>
> 一个（总体）产品负责人负责产品级的优先级划分，并决定哪些团队在哪个领域工作。他应与各领域产品负责人密切合作。
>
> 领域产品负责人就是其团队的产品负责人。

### 8.2.2　指南：巨型 LeSS 产品负责人

在巨型 LeSS 框架和小型 LeSS 框架中的产品负责人，其角色有一些重叠，例如定义愿景和了解竞争对手，但是其差异也很大。

在小型 LeSS 框架中，产品负责人会花时间为即将到来的 Sprint 选择条目，在 Sprint 计划一会议中与团队会面，等等。但巨型 LeSS 产品负责人并不这样做——除非有正常的现场观察等特殊情况。她的重点包括粗粒度任务和组织层面的任务：

❑ 识别并为跨产品的粗粒度主题和特大需求排列优先级顺序，例如"健康"或"支持 FDD 的 LTE"，但不必深入到细节⊖。

❑ 确定将会导致需求领域发生变化的业务和技术趋势。

❑ 添加 / 删除和扩大 / 缩小需求领域。

---

⊖　我们并不是推荐对细节不感兴趣或不了解细节的产品负责人，我们是推荐在大型产品交付中，不陷入不重要的细节的产品负责人。

    ❑ 将团队分配到需求领域。

    ❑ 发现、发展和支持领域产品负责人。

    ❑ 检查和调整每个需求领域内优先的粗粒度主题。

    ❑ 与高层管理者一起决定工作地点战略。

除了小型 LeSS 框架中的五大关系之外，巨型 LeSS 还有第六种关系：（总体）产品负责人和领域产品负责人关系（参见 8.1.8 节）。

### 8.2.3　指南：领域产品负责人

按照与上一指南相同的标准为小型 LeSS 框架寻找领域产品负责人。例如，在产品开发中，产品经理一般都是需求领域的专家，非常适合作为领域产品负责人（APO）候选人。

领域产品负责人与总体产品负责人的工作权限不同。后者拥有独立决策权以决定产品范围的方向、发布时间，以及需求领域的优先级。

但总体产品负责人应尽可能把决定领域愿景和优先顺序的责任和权力下放给其领域产品负责人。

**极小领域导致领域产品负责人错位**——一个正常的需求领域通常有 4 个以上的团队，而不是更少<sup>⊖</sup>。在只有一个或两个团队的极小领域中，APO 角色会发生什么变化？它会转变成一种条目澄清角色，一个分析师或需求说明撰写者，而不是一个把战略和利润重点放在主要市场领域的人。此外，产品负责人并不是与少数真正以战略为中心的企业家式的领域产品负责人合作，而是与大量被重新标记为"领域产品负责人"的业务分析师或项目经理合作。

**敏捷性和工作安全**——在传统组织中，需求领域扩张和萎缩的速度可能比较快，但在 LeSS 组织中，需求领域的扩张和萎缩应随着时间的推移缓慢推进，以便捕捉到大量不断变化的机会。处在萎缩领域的人员（包括领域产品负责人）如果对其工作感到恐惧，则会出现工作阻力和降低的透明度，从而影响组织的敏捷性。所以，工作安全政策需要及时到位。

**临时伪领域产品负责人**——与 LeSS 框架指南中对临时伪产品负责人的建议相同：要找到一个真正优秀的领域产品负责人（如专家级产品经理）可能需要时间。因此，为了避免新需求领域启动的延迟，请快速找到一位临时的产品负责人来负责执行，此人不必有特殊的业务洞察力或责任。然后尽快找到合格的产品负责人替换掉该人员。

### 8.2.4　指南：由 Scrum Master 协助 PO 团队

产品负责人（PO）团队需要学习如何在巨型 LeSS 框架中协同工作。在商业产品开发中，他们可能承担过产品经理的角色，他们工作于同一产品团体，遵循相同的交流准则，但是对他们来说，LeSS 是新的环境。在内部开发中，他们可能未曾有过合作。他们需要养成反思和自我完善的习惯。请找一位自愿的 Scrum Master 来帮助他们，该 Scrum Master 可以参加产品负责人团队会议，安排并促进定期回顾，并向 PO 团队反馈他们的工作情况。

---

    ⊖　一个特殊的情况是，当预测到一个领域需要许多团队开发时，可以首先开发这个领域。LeSS 采用可以从一个领头羊团队开始，他们首先清除迷雾，然后指导其他新来的团队学习该新领域。请参阅本书 4.2.3 节。

# 产品待办事项列表

一个拥有 246 种奶酪的国家，你如何治理？

——夏尔·戴高乐

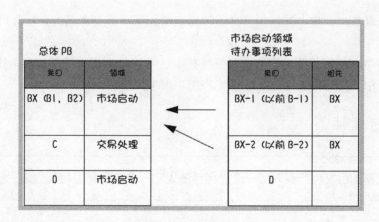

合并到产品待办事项列表中

## 单团队 Scrum

对其条目做过优先级排序的一个产品待办事项列表就是产品需求的存储库。产品负责人负责其内容和排序，并保证其对团队和利益相关者可见。产品待办事项列表是不断变化的；根据每个 Sprint 中的学习，定期对其条目进行添加、删除和重新排序（以最大化

ROI）。接近待办事项列表顶部的条目更完善，可以随时交给团队去实现。排序靠后的条目其粒度更粗且需求更模糊。通过每个 Sprint 的产品待办事项列表梳理，条目被拆分、澄清和估算。

《Scrum 指南》中包括一个关键的扩展规则，即多个团队开发一个产品时，应只有一个共享的产品待办事项列表：

> [他们] 经常在同一产品上合作。一个产品待办事项列表用于描述即将开展的产品工作。

在大规模 Scrum 中，不存在按团队划分的待办事项列表。为什么？因为其会降低整体透明度，减弱整体产品聚焦，增加复杂性，并抑制团队焦点转移的灵活性。

# 9.1　LeSS 产品待办事项列表

有关采用 LeSS 时首次创建新产品待办事项列表的指导，请参阅本书第 3 章。

规模扩展时，以下这些原则与产品待办事项列表相关：

**大规模 Scrum 也是 Scrum**——所以只有一个产品待办事项列表，即使许多团队在开发同一个产品。

**整体产品聚焦**——单个共同的待办事项列表增加了对整个产品的关注和可见性，有助于整体优化。

**以客户为中心**——传统的大规模开发按技术、组件和单功能任务分解工作（和相关团队）。在 LeSS 中，待办事项列表条目聚焦于端到端的客户目标。

## 9.1.1　LeSS 规则

> 一个完整的可交付产品对应一个产品负责人和一个产品待办事项列表。

## 9.1.2　指南：不要"管理依赖关系"，而要最小化约束关系

上乘的产品待办事项列表简单明了，它给出了产品开发工作的全面纵览。但是产品待办事项列表往往很复杂，因为它们被当作一种工具来管理依赖关系。本不该如此（产品定义会影响属于内部产品开发的内容，以及属于外部产品开发的内容，请参阅第 7 章）。

在产品开发中，我们将会区分内部依赖和外部依赖。内部依赖关系发生在产品组中的团队之间，而外部依赖关系则在产品组之外，或者在产品组中的非特性团队之间，如未完成部门。

### 消除内部依赖关系

在 LeSS 中，不需要管理内部依赖关系。本书第 4 章和第 13 章提供了更多有关该主题的内容。

> 对于使用共享代码的特性团队，不存在内部依赖关系和依赖关系管理。
>
> 团队可以通过共同处理共享工作而受益，而不必依赖其他团队的输出。

为什么？任何特性团队在开发自己的条目时都可以跨代码库工作。团队会管理他们之间的协调，应用诸如持续集成、社区、多团队研讨会，以及共享和交换工作等主意（参见第 13 章）。

这并不复杂，但对于组织来说，这是一个巨大的思维转变，因为他们以前的组件团队各自拥有各自的私有代码，依赖关系管理也是通过传统的方式（例如专门的集成团队或大型计划活动）来实行。

### 不要管理外部依赖关系，而要最小化约束关系

假设条目 A 依赖于产品组以外的一个交付物，通常是数据馈送、服务、接口更改、硬件组件或库。这在大规模开发中是很常见的。产品负责人处理此问题的传统方式如下：

1. 在待办事项列表中添加条目 A 的外部依赖项；

2. 预测性地计划出条目 A 在未来哪个 Sprint 完成，前提：条目 A 的外部交付物完成，即两者同步完成；

3. 在产品待办事项列表中添加上述计划的 Sprint。

对于大型产品，这种方式不仅仅适用于条目 A，还适用于许多个条目。于是，预测性计划在未来一系列 Sprint 中就会出现许多个同步点。这些计划是凌乱和耗时的，再加上如果预测失败，计划就是浪费时间，并且不得不再计划，于是会浪费更多的时间。

不要这样做！与其把依赖关系看作必须计划的、固定的里程碑，不如把它们重新设计为约束关系，可以再打破约束关系。原则如下：

1. 不要受依赖关系欺骗而制定预测性计划。不要试图用未来的同步点来"管理依赖关系"，这只会导致预测性计划变得痛苦不堪。

2. 将依赖关系视为导致不灵活和延迟的约束关系。

3. 尽可能挑战、最小化和移除约束关系。

想想"依赖"这个词：它表明一个人无能为力，因为他依赖于别人。但是"最小化或消除约束关系"意味着当约束在自己的控制之内时自己可以采取行动、选择、授权。注意，这对产品待办事项列表的内容和优先级顺序会产生影响。

### 消除约束关系的办法

如何移除或最小化约束关系？例如，假设要开发条目 A。我们组表面上依赖于外部组 X

的产品 X 中一个接口。首先，将其重新描述为，在完成条目 A 时存在一个约束：接口更改。如何最大限度地减少或消除这个约束关系呢？几个想法：

- **开发"他们那部分"**——可以与组 X 达成协议，修改产品 X 中的代码，并结合一些质量保证技术，如与他们一起举办设计研讨会或进行日常代码审查。或者直接编写代码（无须征求组 X 的意见），当代码可运行时，向组 X 展示，并征得组 X 同意，然后让组 X 把代码加入到他们的代码中，同时进行一些质量检查。
- **结对开发"他们那部分"**——我们的员工加入组 X，与他们的员工一起开发。
- **简化或分解条目 A 以便另一组的更改变小**——将条目 A 分解为多个较小的变体，这样产品 X 中的接口更改就可以变小而且容易以增量方式开发。这也可以视为小批量外部更改方法。然后将小批量更改加入到跨产品持续集成之中，从而减弱约束关系并增加反馈。
- **将条目 A 分解为带有桩的条目和可完全集成的条目**——实现该条目对产品 X 的桩（简单模拟）。在产品 X 的接口开发完成后，立即删除桩。
- **将条目 A 分解为使用替代接口的条目和使用最终接口的条目**——实现替代（例如手动）接口。一旦最终接口完成，删除替代接口。
- **解释约束关系**——向组 X 解释处理约束关系的结果、成本和收益，对组 X 的优先级排序施加影响。
- **绕过约束**——重新定义条目 A 以使用其他现有的接口，至少目前先这么做。
- **采用其他不同的方式**——采用完全不同的解决方案来实现目标。

**产品待办事项列表中的变更示例**

想法确定后，将其加入待办事项列表。下面列举两个例子：

**将条目拆分为简单变体**——例如，假设金融风险管理产品使用交易处理产品的数据，再假设风险管理产品中的条目 A 需要请求交易处理产品的 30 个新数据元素，并且检索所有这些数据需要大量的工作。这时可以把条目 A 拆分为以下条目，其中每个条目对用户仍然是有意义的：

- 条目 A1，包含风险分析中的 10 个最重要元素
- 条目 A2，包含剩余数据元素

**将条目 A 拆分为带有桩的条目和可完全集成的条目**——例如，把条目 A 拆分为待办事项列表中的两个新条目：

- 带有桩的条目 A
- 完全的条目 A（即"条目 A"）

"带有桩的条目 A"是指我们组将使用一个（通常是简单的）软件模拟器，即桩代替产品 X 的未完成部分，就像它已经完成一样。"完全的条目 A"表示产品 X 中的工作已完成，桩已被移除，并且两个产品将要完全集成，同时，在实现桩时所编写的测试仍然有效。

**在等待其他组时调整优先级**

即便出现"完全的条目 A"必须等待组 X 的工作这种不希望看到的情况，也仍然不要制定带有同步点的预测性计划，而是：

1. 提高"带有桩的条目 A"的优先级，使其很快完成，并保持"完全的条目 A"处于较低的优先级。没有必要预测这个条目必须在哪个 Sprint 完成，但重要的是，"完全的条目 A"要尽可能地小，以便很容易在一个 Sprint 内实现它。

2. 在产品待办事项列表中增加"约束信息"列。当条目在其他组中存在临时约束时，请记录值得注意的细节信息，如推测的交付日期。

3. 教育组 X 让其了解处理约束的结果、成本和收益，对组 X 的优先级排序施加影响。

4. 之后，当组 X 的任务完成时，只需提高"完全的条目 A"的优先级，以便它在下一 Sprint 中完成。这就是敏捷！

## 9.1.3　指南：切分出小功能块

在大规模巨型需求世界中，即便在许多所谓的大规模敏捷采用中，需求最终进入产品待办事项列表可能也需要花几个月的时间。为什么？"开发团队无法处理如此粗糙、庞大的需求。"因此，分析、架构或系统设计团体需要用数月的时间来分析这巨大的需求并将其分解，编写需求说明，或进行可行性研究。

对于巨型条目，传统的思维和行为方式急于在开始实现之前尽可能多地对其进行分解和分析。"我们需要首先充分了解需求及其影响，否则无法开始实现……如果我们在后面才发现一些重要的东西该怎么办呢？"可是，只有当你可以乘时间旅行时，才能看到后面发生的事情！

这种早期过度处理的成本又如何呢？具有讽刺意味的是，恰好是因为大量的早期分析和推测性设计，学习被推迟了，这就是成本。

> 为什么？因为与程序不一样，图表不会崩溃，文档不会运行。

除此之外，在这个时候，该团体生活于在制品的山区之中，隐藏的风险和缺陷、交接浪费和延期价值交付堆积成了高高的山峰，山峰上偶尔会有巨石滚落而下，不幸砸死山中的某个人。

请不要如此这般地生活。不要有分离的分析、系统设计和需求说明小组，也不要太早开始分析，而是确实要更早地开始开发。

怎么做？简单地说，就是让一个团队将巨大需求分成若干块（条目），然后从一个块中切分出更小的功能块（细小条目），细化并开始实现（如图 9-1 所示）。从一个大条目中分离出一个细小条目，在梳理中澄清所有细节，然后开始实现！

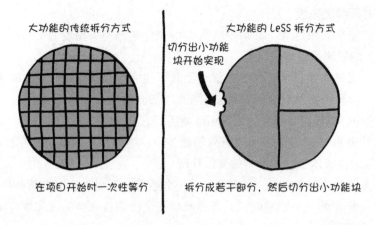

图 9-1 领头羊团队切分出小功能块

为什么要这么做?

- 尽早开始! 尽早完成实现工作的最佳方法是尽早开始实现——切分出细小功能块、学习、调整。通往敏捷性和灵活性的道路就是通过强大的反馈回路限制 WIP 和增加学习的实践之路。
- 让团队参与大条目的分解和分析,因为他们是实现细小条目的主体;这可以增加学习并减少工作交接。
- 开始工作的团队自始至终都要工作,以减少工作交接和知识遗失。
- 如果把切分出细小功能块比做咬下一口食物,通过反馈和学习,发现吃多少食物是最有营养的——不要奢望所有咬下的食物都会让你满意,吃完一小口后,再去找下一口最美味的食物。
- 你有没有认真思考过一个想法,然后开始做,再然后会说:"哎呀,我怎么没有想到……"这一刻需要早一点发生,不要晚了。

习惯性的思维方式是在实现之前需要"充分理解"需求。可具有讽刺意味的是,不去尽早实现,反而会阻碍充分的理解。这是一种近乎制度化的牢固的习惯,而且这种习惯又由于存在独立且不做具体实现的分析小组而得以强化。要改掉这个习惯就要"少吃多餐"。"没有分析小组"并不意味着没有分析,而是分析将由实现条目的相同团队来完成。

### 9.1.4 指南:处理父条目

在大规模开发中,大条目不得不分解为小条目的情况屡见不鲜。条目被分解后,原始条目,即父条目或父母条目或祖先条目,会发生什么情况? 例如,当结算交易被分解成结清买入和结清卖出后,如何处理结算交易? 有两种选择:删除或保留父条目。让我们看一下对这两种选择的权衡,及其实用性分析。

### 删除父条目

从产品待办事项列表中删除父条目就像细胞分裂（胞质分裂）：父条目将被新条目取代。优势？第一个是简单性：待办事项列表的结构保持不变，仍然是简单的，不需要做连接父母和孩子这样额外的事情。第二个优势更微妙：

> 对新条目的优先级排序自然且显而易见，新条目之间彼此独立，与祖先没有关联。

什么意思？在传统的大规模开发中，一个大型需求的所有子需求都具有与父需求相同的优先级，并且父、子需求在开发过程中同时行进。问题？这会导致在高价值条目上投入时间和金钱的同时，也把时间和金钱投在了低价值条目上，于是高价值条目的交付延迟了，反馈延迟了，风险缓解也延迟了。

但是对于敏捷来说，条目独立性很重要。每个新条目都应该独立于其他条目及其祖先。虽然移除父条目这样的简单选择并不能保证思维模式和行为的转变，但它可以保证自然和显而易见地对待办事项列表中的条目进行独立排序。例如，假设在分解"结算交易"之前，产品待办事项列表排序为

1. X
2. 结算交易
3. Y

分解和删除父条目后，产品负责人将顺序定义为

1. 结清买入
2. X
3. Y

结清卖出

结清买入和结清卖出显然可以独立排序。它支持提早交付最有价值的部分，并具有灵活性和敏捷性。非常棒，但这意味着思维模式需要转变。

这种方法有什么缺点吗？丢失了上下文环境和关联性，这些上下文环境和关联性在梳理条目时或者在把相关条目定义为一个交付主题时可能会有用。

在较小的待办事项列表中或者人们非常熟悉其所有需求的领域中，删除父条目不太可能引起问题。因为这个解决方案比较简单，所以在简单的情况下使用它最好。

**保留父条目**

什么时候需要保存祖先信息？当产品待办事项列表包含大量的条目或者非常复杂时，就很难记住（或者发现）新的子条目和它们祖先之间的关系。祖先信息用来做什么呢？

- 用于大型场景，有助于整体理解或决策
- 作为新子条目的灵感来源
- 确定发布主题
- 在巨型 LeSS 中，帮助将领域待办事项列表作为单独工件进行管理（参见 9.2.2 节）

祖先信息保存在哪里？在产品待办事项列表中添加一个"祖先"列，并将祖先信息放在那里即可。例如：

| 顺序 | 条目 | 直接 / 间接祖先（值得注意的） |
|------|------|------------------------------|
| 1 | 结清买入 | 结算交易 |
| 2 | X | |
| 3 | Y | |
| 4 | 结清卖出 | 结算交易 |

几个要点：

- 避免祖先层出现多层深层结构。
- 祖先信息是可选的；需要引起注意时再使用。
- 记录的祖先不必是新子条目的直接父条目，可以是远祖先条目，例如当原条目巨大且产生的后代世界很大时。这样做通常是可取的，因为它更简单，更容易看到遥远后代之间的联系。
- 注意上面的示例表中有一些微妙但关键的地方：从左到右的顺序是条目→祖先，而不是祖先→条目。这反映了子条目在优先顺序变化时的独立性，是一种思维的变化。

### 9.1.5 指南：处理特殊条目

产品待办事项列表除了包括客户功能，还包括缺陷、改进事项、创新和特殊研究事项。

**缺陷条目**

Scrum 有一条标准的建议，是将客户报告的缺陷记录为产品待办事项列表条目。当只有 10 个或更少的缺陷时——一般的 Scrum 就是这样的情况——这是非常好的建议，并可以在适当的时候这么做。

**大量缺陷**——但是当缺陷有 714 个之多时，上面的做法就不合适了，因为所有这些缺陷往往是存放在缺陷跟踪工具中；如果再把它们转移到产品待办事项列表中（这本身就是一个浩大且容易出错的任务），产品待办事项列表就会被它们产生的噪声所淹没。这在累积了多年缺陷的大型产品开发中非常典型。因此采用 LeSS 后，在第一次创建产品待办事项列表时，如果存在大量的缺陷，请继续使用缺陷跟踪工具，直到缺陷数量足够小，仅使用产品待办事项列表就足够应对时。在这种情况下，可以设立一个"缺陷计数 = N"条目暂时将其放在产品待办事项列表的顶部，以保持这个问题明显可见，并快速修复缺陷将其数量降至零。尽快把所有具体的缺陷记录到产品待办事项列表中，使缺陷可见，以便人们看到后做出反应。

**缺陷数归零**——在上述初始步骤中，缺陷数如何从 714 变为零？广义地说，就是运用精益思想"停止与修复"的原则，把关注点放在缺陷修复上，清除缺陷清单并消除噪声。专门指定一个或多个特性团队，（也许可以）以轮流的方式执行任务。也可以让团队（们）一起举办问题解决研讨会，让开发人员建立消灭缺陷的试验。

**紧急型新缺陷**——如果在 Sprint 计划时有已知的缺陷，那么请对其进行计划和修复。但是，若在 Sprint 过程中出现需要快速响应的紧急缺陷怎么办？有一种方法是将一个常规特性团队确定为快速响应团队，在每次 Sprint 时轮流承担这一职责，即由他们消化这类中断和不确定性，以便其他团队保持专注。这种方式的另一个优势是团队可以更多地了解不太熟悉的领域。不要采用哪个团队"能够最快解决问题"就让那个团队来做的方式。

## 团队改进条目

团队在许多方面都需要改进，这些改进可以是组织方面的，但通常都是技术或环境方面的。团队改进常来自回顾（团队或系统级别的）或社区会议（如体系结构，测试，……）。

在哪里记录团队改进条目呢？

**在产品待办事项列表中记录重大改进**——特别是，如果这些改进需要重大投资，请将它们放在产品待办事项列表中。这样做有几个优点：（1）团队的工作是显而易见的，而且只放在一个地方；（2）产品负责人可以决定哪些重大改进需要优先投资；（3）在正常的工作流程中处理持续改进。以下是在编写这类条目时的重要提示：

---

从业务和产品负责人的利益角度表达重大改进条目。

---

团队想要重写某个主要组件吗？好处是什么？

**不要在产品待办事项列表中记录小改进**——为什么？因为在大型产品组中，来自所有团队的小改进加起来会很多，将它们添加在产品待办事项列表中会使产品待办事项列表充斥着噪声，使其很难服务于其主要目的：客户功能。无数微小的改进事项增加了待办事项列表管理和优先级排序的工作量。这将导致对微小改进的微观管理，扼杀自管理、信任和持续改进的精神（参见 5.1.3 节）。

怎么办？例如，商定这样一项策略，即只把比"X"大的改进事项添加到产品待办事项列表中，并且每个团队在每个 Sprint 中可以将该 Sprint"20%"的时间用于开发小的改进（不在产品待办事项列表中）。这样事情就简化了，同时也促进了自管理和信任。

**创新或特别研究条目**

在大型产品开发中考虑以下常见情况：

❑ 可替代软件或第三方软件组件

❑ 创新

❑ 竞争对手分析

❑ 未来技术分析

这些都是典型的大任务，具有很多变数。产品负责人和团队需要获取更多的信息来帮助决策或排列优先级。在 LeSS 中如何处理呢？

❑ 将创新或研究事项添加到产品待办事项列表中。

❑ 限制这些开放式活动在 Sprint 内的工作量，防止它们占用 Sprint 所有时间（例如"最多 50 人时"）。

❑ 使用常规功能组，而不是"研究组"。"

❑ 尽可能采用切分出小功能块的方式，而不是长时间地研究。

❑ 集中研究产品负责人和团队提供的信息或建议，以帮助他们做出决策。

❑ 在 Sprint 评审中分享进展，并提供下一步建议。

❑ 在创新时，努力快速地创建一些试验性产品功能，并从实际中获得反馈。

这类非寻常研究不应是常规的分析或设计或架构工作。相比之下，谨防假冒研究：

> 不要为常规和重复的分析或设计活动，如业务或 UX 分析、UI 设计或体系结构分析或设计，创建虚假的"研究"条目。

**当心！**——不要创建"特殊人群"小组，专门给他们机会去找问题所在。否则，还不如拿出一大堆钱，点燃它，至少还能获得一些热量。

## 9.1.6 指南：大型产品待办事项列表的管理工具

"我们不敏捷。因为分析师用的是 Word 来编写用例和场景，将其记录在 SharePoint 中，并通过电子邮件告诉团队信息在哪里。"

"我们现在敏捷了！产品负责人编写史诗和故事，将其记录在 Rally<sup>⊖</sup>的待办事项列表中，并通过通告告诉团队信息在哪里。"

使用了新词汇和新工具就意味着有意义的改变将会发生，这当然是一种错觉。

---

⊖ Rally 是一个 Scrum 管理工具。2015 年 Rally 也被 CA Technologies 收购。——译者注

> 工具不是敏捷。敏捷是一种组织行为。

我们已经看到很多大型和多地点的团队成功地使用电子表格（例如 Google）来管理他们的产品待办事项列表，并建立 wiki 提供详细信息。事实上，团体最好不要使用产品待办事项列表管理工具。

> 大规模下，产品待办事项列表工具都有什么？
> 不要使用比电子表格和 wiki 更复杂的东西。

为什么？因为使用所谓的"敏捷"工具存在如下问题：

- 把重点放在工具上，而不是深层的系统问题上，这转移或回避了对重要问题的关注，即改变团队行为和产品系统。这些工具不能解决真正的问题。
- 这些工具包含并倡导"报告"功能，强化了看重报告的传统管理方式和控制行为。
- 工具有时会传达改进或敏捷采用的表象，因为当时并没有发生有意义的变化。"敏捷"工具无助于"变得敏捷"。
- 工具经常给团队强加无法灵活使用的术语和工作流，从而剥夺了流程所有权并限制了对流程的改进。
- 由于访问工具需要昂贵的账户费用，大多数人不能访问工具，因此看不到待办事项列表。
- 这些工具成全了复杂化而不是简化。

当然，也可以通过最大限度地提高电子表格的复杂度来解决所有这些问题，但还是尽量避免吧。

### 跟踪进展

#### Sprint 内跟踪

以下是从著名的"敏捷"管理工具逐字复制的一些著名的头版营销语：

"一目了然地跟踪团队进度""获取进度报告""汇报［项目］""50 多个现成的敏捷度量和报告"……恶心

所谓的敏捷管理工具侧重于跟踪和报告功能，这些功能向管理人员显示个人和团队的任务、Sprint 待办事项列表以及"进度"——这与信任个体和自管理团队的敏捷原则背道而驰。正如专注团队研究的理查德·哈克曼（Richard Hackman）所解释的，"在自管理团队中，跟踪进度的责任委托给了团队。"

因此，管理层没有责任或理由跟踪团队在 Sprint 阶段的进展。这些工具针对报告进行了优化，而不是针对成功、改进和更好的价值流，或让团队拥有和改进流程。

在 Scrum 中，产品待办事项列表和 Sprint 待办事项列表是分开的，它们有着不同的目的。产品待办事项列表用于管理以客户为中心的条目，而 Sprint 待办事项列表是用于团队在 Sprint 期间管理他们自己和他们的任务，不是为产品负责人或外部跟踪而设。《Scrum 指南》对此做了很简明的描述：[Sprint 待办事项列表] 只属于开发团队。因此，每个团队需要选择自己的 Sprint 待办事项列表工具，并有权改变自己的选择。而且，不同的团队可以使用不同的工具。因此：

> 不要对产品待办事项列表和 Sprint 待办事项列表使用相同的工具。

**提示** 尽管对 Sprint 待办事项列表可以使用任何工具，但我们始终注意到，只使用"墙上卡片"的团队更有可能是真正的团队，他们一起工作并积极改进。

### 跨 Sprint 跟踪

了解以客户为中心的条目在多个 Sprint 中的整体进度非常有用。团队是否需要为此专门使用一个"敏捷工具"呢？不需要（参见 8.1.11 节）。

当焦点放在完成条目上时，透明度和易跟踪性就会显著提高。在每个 Sprint 结束时，将条目标记为完成或未完成，而不要跟踪"几乎完成"或"90% 完成"的条目。所以，只跟踪产品待办事项列表中完成条目的进度，简单的工具就足矣。

如果需要进度图表，请先了解并询问为什么需要进度图表，为什么 Sprint 评审中对此有兴趣的人没有在场？所谓的产品负责人是不是只是贴有新标签的计划或项目经理？如果确实需要图表，请在记录产品待办事项列表的类似电子表格工具中使用其简单的图表功能。

## 9.1.7 指南：更少输出，更多成果

我们曾经与一个大型产品团体合作过，当时一位高级经理在那里宣布："在过去的 12 个月中，我们在产品开发上花费了 130 万人时。团队们，干得好！"

哟！"进度"是通过活动的数量和有多少交付物（例如已完成条目）来衡量的，甚至，最流行的速度测量方法也是为了测量功能的输出工作量，但这是一个问题。什么问题？所有这些活动和交付物与成果几乎没有关系。当有人提出需要一个"新工作流管理工具，并支持功能 A 到 Z"时，要达成的目标是什么？这些功能是否会将平均周期时间缩短 25%？

那又怎样？特别是在传统大型组织中，他们会把重点放在输出而不是成果上，因为

❑ 管理团队的输出具有诱人的吸引力，因为它们更易于衡量；

❑ 传统的年度预算流程要求列出基于成本估算的功能清单（输出，而不是成果）；

❑ 大型产品待办事项列表变成了数以百计的功能请求倾销地，与成果没有清晰的关联。LeSS 原则之一就是以少（LeSS）为多。在这方面，它意味着：

---

更少输出，更多成果。

---

有哪些技术可以帮助组织将重点转移到成果上呢？

### 技巧：编写条目时用成果或目标，而不是解决方案

挪威有一家大型包裹运输服务公司，他们抱怨自己的网站在易用性方面存在问题，并考虑编写这样一个新条目：

在同一网页上显示所有发货选项，并附带详细信息。

这是一个面向解决方案的条目，它假定的是问题的解决方案。但这可能不是一个很好的解决方案，而且目的也不清楚。建议的做法是编写面向成果或目标的条目，例如：

发货人可以在 1 秒内找到所有前四分之一发货选项。

这一面向成果的条目可以引发更多的选择和想法，并提高团队的动力，因为它可能变成一个具有创造性的挑战。

### 技巧：制作影响地图

**影响地图**⊖是一种协作、快速和可视化技术，用于团队识别结果（例如，减少交易错误），定义成功的衡量标准，以及生成影响结果的替代想法（如图 9-2 所示）。

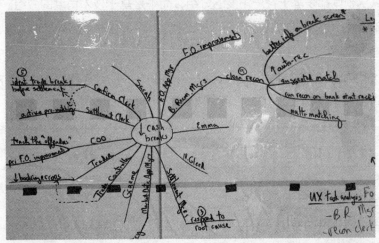

图 9-2　影响地图鼓励注重成果（而不是输出）以及实现成果的替代影响

---

⊖　浏览 impactmapping.org 和参阅《影响地图》(Impact Mapping) 一书。

影响地图能提供什么帮助?(1)它促进以成果为重点的合作;(2)它侧重于产生多个替代影响的想法;(3)它能够将影响与成果联系起来。

## 9.2 巨型 LeSS

对于巨型规模,与产品待办事项列表相关的原则包括:

**整体产品聚集;透明度**——当产品待办事项列表被分解为领域待办事项列表时,如何保持对总体目标和优先级的关注,而不被淹没在细节中呢?

### 9.2.1 巨型 LeSS 规则

> 有一个产品待办事项列表;其中的每一个条目只属于一个需求领域。
>
> 每个需求领域有一个领域产品待办事项列表。从概念上讲它是一个产品待办事项列表的更精细的视图。

### 9.2.2 指南:领域待办事项列表

首先回顾一下,需求领域是从客户角度看逻辑上可以归为一类的条目分组。

一些要点如下:

> 每个需求领域都是基于客户角度的分组,而不是基于技术角度的分组。
>
> 需求领域是一种针对大型团体的扩展技术。一个需求领域应该有 4 个以上的团队。

"需求领域"属性在概念上是被添加到一个产品待办事项列表中的,并且产品待办事项列表中的每个条目应归类到一个且仅一个领域:

| 条目 | 需求领域 |
| --- | --- |
| B | 市场启动 |
| C | 交易处理 |
| D | 资产服务 |
| F | 市场启动 |
| ... | |

领域待办事项列表在概念上是一个需求领域的产品待办事项列表的视图,例如市场启

动领域:

| 条目 | 需求领域 |
|:---:|:---:|
| B | 市场启动 |
| F | 市场启动 |

对于领域产品负责人（APO）和专门负责此领域的团队来说，他们的领域待办事项列表以及所起的作用看起来都类似于常规的产品待办事项列表。领域待办事项列表中的最高优先级可能并不是产品待办事项列表中的最高优先级。这种情况发生时，产品负责人需要确定它们的优先级差异是否足够大，以保证将团队转移到需要优先考虑的领域（更多关于产品负责人和另一产品负责人角色的内容，参见第 8 章）。

> 领域待办事项列表不适合 1 或 2 个团队；
> 它通常适合有 4 个以上团队的需求领域。

实现领域待办事项列表有两种方法：视图或独立工件。

### 通过过滤视图实现领域待办事项列表

实现领域待办事项列表最简单的方法是在一个产品待办事项列表上通过过滤器创建视图。使用电子表格来做就很容易。何时使用视图方法呢？当仅有几个（例如 3 个）需求新领域⊖且拆分条目的深度不大时。我们知道这些指导方针都是比较模糊的；采用独立工件的临界点也是随形势而变的，故而当时可能就会知道。

从这个简单的方法开始：过滤视图。

**特定领域的优先级顺序**——领域产品负责人或多或少是独立地确定其领域待办事项列表的优先级。所以每个领域都有不同的第一优先条目、第二优先条目等。例如:

| 条目 | 需求领域 | |
|:---:|:---:|:---|
| B | 市场启动 | ← 各个领域中的第一个条目 |
| F | 市场启动 | |
| C | 交易处理 | |
| M | 交易处理 | |
| ... | | |

### 通过独立工件实现领域待办事项列表

当有大量需求领域⊖和无数个被拆分的条目时，简单的视图方法不再适用。一个产品待办

---

⊖ 也被称为非巨大的巨型 LeSS 产品组。
⊖ 也被称为巨大的巨型 LeSS！

事项列表将会变得非常庞大和详细，充满来自所有领域的、由于拆分而形成的无数细粒度条目。

那么另一种选择就是对领域待办事项列表和整个产品待办事项列表使用独立工件（例如独立的电子表格）的办法。正如下面将要解释的，这种方法同样有缺点，但与简单过滤视图方法的缺点不同。

## 特定领域的分解

假设待办事项列表最初如表 9-1 所示。现在假设在市场启动领域中，B 被分解为 B-1 和 B-2，如表 9-2 所示。在独立工件方法中，总体产品待办事项列表保持不变。但市场启动领域待办事项列表确实发生了变化。

表 9-1　拆分前领域待办事项列表

**总体产品待办事项列表**

| 条目 | 领域 |
| --- | --- |
| B | 市场启动 |
| C | 交易处理 |
| F | 市场启动 |

**市场启动领域待办事项列表**

| 条目 | 祖先 |
| --- | --- |
| B | |
| F | |

表 9-2　条目 B 被拆分后的领域待办事项列表；产品待办事项列表未变

**总体产品待办事项列表**

| 条目 | 领域 |
| --- | --- |
| B | 市场启动 |
| C | 交易处理 |
| F | 市场启动 |

**市场启动领域待办事项列表**

| 条目 | 祖先 |
| --- | --- |
| B-1 | B |
| B-2 | B |
| F | |

## 特定领域的优先顺序

有了独立工件后，产品负责人可以在比领域产品负责人更高的粒度级别上工作，但这也会导致产品负责人的透明度降低，这是因为领域待办事项列表中的优先级是由 APO（领域产品负责人）确定的，被拆分的条目的优先级不必遵循总体产品待办事项列表中的优先级。在下一个示例中，B 有部分子条目其优先级高于 D，B 也有部分子条目其优先级低于 D：

**总体产品待办事项列表**

| 条目 | 领域 |
| --- | --- |
| B | 市场启动 |
| C | 交易处理 |
| D | 市场启动 |

**市场启动领域待办事项列表**

| 条目 | 祖先 |
| --- | --- |
| B-1 | B |
| D | |
| B-2 | B |

通常优先级差异不大，这样就不会真正有问题……但有时确实会有问题。例如，如下问题：

**总体产品待办事项列表**

| 条目 | 领域 |
|------|------|
| B | 市场启动 |
| C | 交易处理 |
| D | 市场启动 |

**市场启动领域待办事项列表**

| 条目 | 祖先 |
|------|------|
| B-1 | B |
| B-2 | B |
| D | |

**总体产品待办事项列表**

| 条目 | 领域 |
|------|------|
| E | 市场启动 |
| F | 市场启动 |
| ... | |

**市场启动领域待办事项列表**

| 条目 | 祖先 |
|------|------|
| E | |
| F | |
| B-3 | B |
| B-4 | B |

在这个场景中，B 的一部分子条目是高优先级的（B-1 和 B-2），而 B 的另一部分子条目不是高优先级的（B-3 和 B-4）。这种情况反映在领域待办事项列表中，但对产品负责人不可见，这导致错误的理解和后续的问题；例如，产品负责人可能会得出结论，B 的所有子条目都完成后 B 才会完成，而这并没有反映领域产品负责人的优先级。

为了正确反映优先级的重大差异——因为小差异不会产生有多大意义的问题，故可忽略——APO 需要合并条目，并将合并后的条目放回到总体产品待办事项列表中。合并是指把一组较小条目归纳概括并创建一个新的大条目。例如，见表 9-3。

这样，主要优先级差异就正确地反映在总体产品待办事项列表中了。因为条目 B1 和 B2 被概括为条目 BX，这样总体产品负责人就不会被淹没在细节之中。

**表 9-3　几个条目的合并（概括）**

**总体产品待办事项列表**

| 条目 | 领域 |
|------|------|
| BX（B1 和 B2 的概括） | 市场启动 |
| C | 交易处理 |
| D | 市场启动 |
| E | 市场启动 |
| F | 市场启动 |
| BY（B3 和 B4 的概括） | 市场启动 |

**市场启动领域待办事项列表**

| 条目 | 祖先 |
|------|------|
| BX-1（以前的 B-1） | BX |
| BX-2（以前的 B-2） | BX |
| D | |
| E | |
| F | |
| BY-1（以前的 B-3） | BY |
| BY-1（以前的 B-4） | BY |

## 过滤视图与独立工件的优缺点

**过滤视图——优点：**（1）简单，（2）没有同步问题，（3）易于保持整体性。**缺点：**（1）过滤器使优先级排序变得困难，（2）产品负责人可以看到所有领域的所有细节，这在一开始看起来是个优势，但随着细节的增多，细节会淹没她，并可能产生对某个领域的优先级进行

"微观管理"的诱惑,从而在 PO 和 APO 之间制造责任冲突。

**独立工件——优点**:(1)总体待办事项列表保持在较高的级别,这样 PO 就不会淹没在细节之中;(2)APO 可以轻松地优先处理她的待办事项列表;(3)支持 PO 和 APO 之间明确的职责分工。**缺点**:(1)不同待办事项列表之间存在同步问题;(2)在总体产品待办事项列表中看不到优先级差异;(3)增加了 APO 在每个领域中孤立思维的机会,而不是关心整个产品的焦点。

### 9.2.3 指南:最多三层条目

在 11.1.7 节中建议使用祖先列。很自然地,当使用独立工件方法时,这种方式也适用于巨型 LeSS 中的总体产品待办事项列表(参见 9.1.3 节)。例如:

| 条目 | 祖先 | 领域 |
| --- | --- | --- |
| XA | X | 交易处理 |
| XB | X | 交易处理 |
| ... | | |

**关键点**:创建两层条目。

与上表保持一致,交易处理领域待办事项列表也有一个祖先列,条目为两层:

| 条目 | 祖先 |
| --- | --- |
| XA-1 | XA |
| XA-2 | XA |
| ... | |

请注意,祖先 XA 不仅传递祖先信息,还把总体产品待办事项列表和领域待办事项列表链接了起来。

**关键点**:在所有待办事项列表中最多创建三层条目。例如 XA-1 到 XA 到 X。

理论上可以引入更多层。但不要这样做。最多三层就停止。

为什么?我们注意到,如果分解条目的嵌套层过深,团队就会落入需求定义不以客户为中心的陷阱。相反,他们定义的实际上是技术活动或任务的虚假需求。并且,他们保存的是不会被使用的信息,这增加了复杂性,还不会带来益处。

最多保留三层条目有助于保持产品待办事项列表的简单性和客户的聚焦度。

### 9.2.4 指南:巨型新需求领域

在巨型 LeSS 产品组织中,一个常见的问题是处理需要多个人年才能完成的庞大需求。在巨型 LeSS 框架下处理这类问题的常规方法就是将它们添加到需求领域中,然后由团队对其进行拆分。当需求确实很大时,需要新的团队加入,因此领域会增长。最终,由于需求领域过于庞大,而必须进行拆分。

除此之外，另一种方法是根据巨大需求，推测性地创建新领域。我们从不把这种需求放在现有领域中，相反，我们会立即确定由四个以上的团队来承担它。因此，我们会创建一个新的需求领域和一个新的、其中只有一个条目的需求领域待办事项列表。然后，我们只将一个团队移到该领域，暂时打破与领域大小相关的规则，但我们知道该领域一定会扩大。

为什么这样做？逐步拆分另一个领域中的巨型需求会导致领域待办事项列表变得凌乱不堪，因为领域待办事项列表将包含一个大条目混合其他条目所拆分出的许多小条目。另一方面，尽早创建一个领域会使领域产品负责人和初始团队及早关注这一巨大需求。

有时候推测是错误的，而且这个领域永远不会超出两个团队，因为该需求并没有最初想象的那么令人印象深刻。在这种情况下，请将该领域与另一个领域合并，这样就不必保留小的领域。

### 9.2.5　指南：处理巨大需求

在本章和第 11 章中，我们介绍了处理巨大需求的几种技巧。在前面的 LeSS 章节中，我们讲述了一个团队处理庞大的监管需求的故事。在本指南中，我们将分享一个场景，说明如何使用多种技巧一起应对巨大需求。

**传统处理方式**

在描述这个新故事之前，为了比较和对照上下文环境，先分享一下在大型产品组中我们如何以传统的方式处理这些问题的经验。

某大型企业接到了一个大型需求 BigReq，便让一个人（高级分析师、产品经理、系统架构师或系统工程师）花了几个月的时间对需求进行分析，并编写了一个多达百页的需求说明，然后把这个文档交给了多个分析人员和架构师，他们每人从需求说明挑选一部分，并在其上进行更详细的工作。然后，每个人都为自己的领域编写了一个百页需求说明。最后，下游开发团体将这些需求说明作为输入，从中提取待办事项条目，并创建产品待办事项列表。这些需求在进入企业后大约 6 个月到 2 年（是的，我们已经看到了这一点）才到达产品待办事项列表，期间发生过无数次工作交接和大量的信息散失。

**LeSS 处理方式**

企业接到 BigReq，产品负责人立即将其放入产品待办事项列表。她认为这个需求将需要花多年时间才能完成，于是确定这是或者将是一个重要需求，然后她为该巨大需求创建了一个新的需求领域，并寻找到一位熟悉这一特定需求的合适的领域产品负责人（参见 4.2.3 节）。领域产品负责人创建一个只包含一个条目的领域待办事项列表，如图 9-3 所示。

产品负责人团队在现有团队中找到了一个在经验和知识方面与 BigReq 最接近的团队，并将该团队移到该新区域（参见 11.1.7 节）。在开始第一个 Sprint 之前，团队举行了产品待办事项列表梳理会议，在会上他们在局部分解了第一个条目，并从中切分了一个更小的功能块（参见 9.1.3 节），如图 9-4 所示。

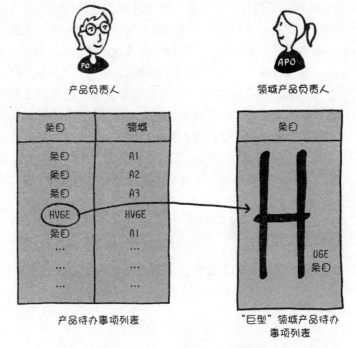

图 9-3 仅有一个条目的新领域

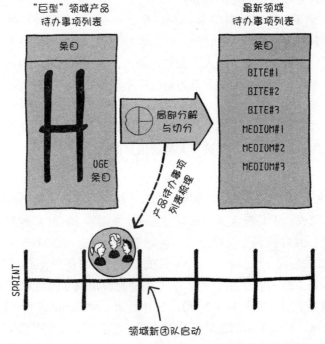

图 9-4 在首个 Sprint 之前，在产品待办事项列表梳理过程中进行局部分解与切分

在首个 Sprint 中，团队实现了所切分的小功能块。此外，他们还将 50% 的 Sprint 时间花在产品待办事项列表梳理上，为后续即将到来的 Sprint 做准备，在后续的 Sprint 中，他们还将逐渐进一步地分解条目。如图 9-5 所示。

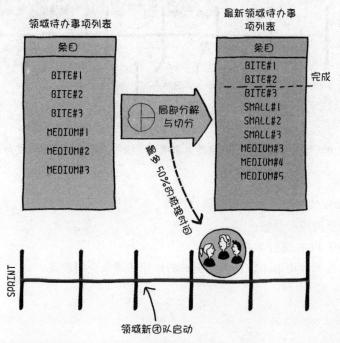

图 9-5　构建小功能块，把 50% 的 Sprint 时间用在产品待办事项列表梳理上

请注意，他们已经交付了第一个小功能块，是可工作软件，也就是说，在 BigReq 进入企业后的一个月内，就有一些东西交付了——这是颇有意义的进展。

在后面更多的 Sprint 中该团队继续前进，通过不断地交付和反馈，不断学习，并通过学习来清除分析和实现的迷雾。

一旦迷雾被充分清除，当有强烈分担巨量工作的需要时，产品负责人团队会决定逐步将更多的团队转移到该领域（参见 11.1.4 节）。新团队加入并与初始团队一起进行多团队产品待办事项列表梳理工作，他们一起提炼条目，了解更多关于 BigReq 的信息。当新团队加入时，初始团队承担带领团队的特殊角色，对新团队进行培训和指导，并对 BigReq 进行介绍，尤其是肩负着集成所有部分的重任（参见 13.1.5 节）。初始团队在 BigReq 完成之前一直留在该领域，因此不存在工作交接问题，并且同一团队从开始到结束始终工作在 BigReq 上。如图 9-6 所示。

此场景中使用的技术总结如下：

❑ 为巨型需求创建新的需求领域。

❑ 并非所有团队都适合，需要从经验丰富的团队开始。

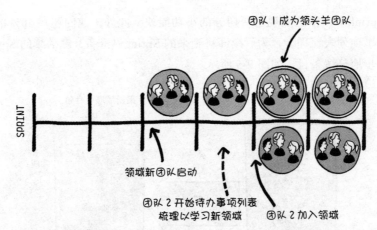

图 9-6　新团队加入领域前开始产品待办事项列表梳理工作；初始团队成为领头羊团队

❑ 局部分解；小功能块切分。

❑ 将最多 50% 的 Sprint 时间用于条目梳理，同时构建小功能块。

❑ 逐步发展新的需求领域。

❑ 使用多团队 PBR 进行学习。

❑ 初始团队成为领头羊团队，承担额外的指导和需求介绍职责。

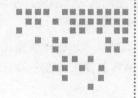

# 完成的定义

说做不到的人不应该干扰正在做事的人。

——乔治·伯纳德·肖

## 单团队 Scrum

我们曾遇到一个开发人员将完成定义中的"完成"（done）写成"结束"（finished）。这引起了相当大的混乱。大多数开发人员都患有"我几乎做完了"的病症。"几乎"意味着自己还不清楚距"完成"还有多远——这本身就是一个未定义的结束状态。

Scrum 需要透明度，也造就了透明度。提高透明度的一种方法是正式定义"完成"的含义，即完成的定义。产品进度的度量是二元的——条目要么"完成"，要么没有"完成"。

完成！

完美的完成定义包括团队为了在 Sprint 中向最终用户交付产品而为条目做的所有事情，其中也包含新的"完成"条目。对于单团队 Scrum 来说，在每个 Sprint 中（或更频繁地）交付产品相对容易。当团队还没有能力达到完美完成定义时，他们可以将"完成"定义为完整集合的子集。这样，目标就变成了：改进完成的定义，直到它完美无缺，并且团队能够在每个 Sprint（或更频繁地）交付。

完成定义⊖是团队为产品待办事项列表中每个条目所执行的活动的商定清单。所有相关活动完成后，条目即完成。

不要将完成定义和接收标准相互混淆。后者是特定条目必须满足的交付条件，"满足所有接收标准"通常包含在完成定义中。

# 10.1  LeSS 完成

目前，单个团队的产品组应该有能力定义完美的完成定义，甚至可以在 Sprint 阶段持续交付。但对于许多大型产品组来说，如果在数月内各个方面仍存在稳定性问题，要做到完美的完成定义则是不可能的。巴斯至今还记得他因两年前写的代码而获得奖励时惊讶的情形。产品终于交付了。

规模扩展时，以下这些原则与完成的定义相关：

**透明度**——在传统的大型组织中，通常会试图通过建立额外的管理控制和报告机制来增加可见性。LeSS 组织拥有团队共享的、清晰的完成定义，并且至少在每个 Sprint 结束时都会交付已集成的产品，这创造了真实的、非常清晰的透明度。

**持续改进以求完美**——需要改进什么？完成定义的逐步扩展为改进及对改进成效的衡量指明了方向。

## 10.1.1  LeSS 规则

整个产品只有一个"完成"定义，所有团队通用。

每个团队可以扩展通用的"完成"定义，以形成为自己团队所用的、更为严格的"完成"定义。

完美的目标是通过改进"完成"的定义，在每个 Sprint（或者更频繁地）产出可交付的产品。

## 10.1.2  指南：创建完成的定义

初始完成定义必须在第一个 Sprint 开始之前，通常是在初次产品待办事项列表梳理研讨会上，达成一致（关于初期产品待办事项列表梳理，参见第 11 章）。

请尝试创建完成的定义如下：

⊖ 表示完成定义的另一种方法是产品待办事项列表条目的状态，或者含有条目的产品增量的状态。按每个条目表达完成定义可以促进持续交付。

1. 定义向最终客户交付所需的活动。

2. 了解现在可以在每个 Sprint 完成哪些活动。

3. 探索如何处理未完成工作。

4. 实现为扩展完成定义而做的第一个改进。

让我们更详细地探讨这些步骤。

## 1. 定义向最终客户交付所需的活动

这一步中要回答的关键问题是"为了交付我们的产品，目前需要开始哪些活动?"。提醒大家……

❑ 交付意味着"交付给最终客户"。每个人都必须理解为了交付产品而需要了解的全部情况。

❑ 当需要中间工件或辅助任务时，提出质疑。我们真的需要那个需求说明文档吗？我们真的需要更新所有的技术文档吗？如何使用技术文档？这类工件和任务是传统工作方式的遗留物，在这些传统工作方式中，它们在专门化小组之间不断传递。

在这一步骤中，需要不同的角色，以便人们可以观察到整体情况——角色不仅仅是团队和产品负责人。由于完成的定义是推动组织改进的重要工具，因此采用 LeSS 时，管理人员必须参与进来（参见 10.1.3 节）。

团队、产品负责人和其他利益相关者就所需要的活动集思广益，并将它们写在便笺上，画在思维导图上，或列在挂纸上。这些活动通常包括编码、测试和编写客户文档，但也可能包括建立客户支持方式、构建硬件，甚至参与有关法律的工作。测试活动通常分为不同级别，包括单元测试、系统测试或系统验证等。我们将这个活动清单称为潜在可交付，它就是完美的完成定义。

根据我们的经验，虽然这个清单很长，但与会者往往惊讶于清单比他们预期的要短。这是因为他们中很少有人对交付产品所必须做的事情有全面的了解。

完成定义通常被包含在产品组的组织完美愿景中。在涉及硬件和软件的大型产品组织中，要使完美的完成定义变成现实可能需要数年甚至数十年的改进；在小型、同地点的纯软件组织中，这一目标可能只需要几个 Sprint 就能实现（参见 3.1.6 节）。

## 2. 了解每个 Sprint 可以完成哪些活动

这一步中要回答的关键问题是"考虑到我们当前的环境和能力，每个 Sprint 可以完成哪些活动呢?"该活动子集就是初始完成定义。当完成定义只是一个小子集时，我们认为它是弱完成定义，当完成定义几乎等于潜在可交付时，我们认为它是强完成定义。

完成的定义可以通过对便笺进行分组或对属于它的活动加下划线的方式来创建（如图 10-1 所示）。

完成定义和潜在可交付之间的差异被称为未完成工作。Sprint 是根据完成的定义来计划的，因此未完成工作将被排除在外——它被计划为剩余未完成。这些术语可能会引起混淆。澄清如下：

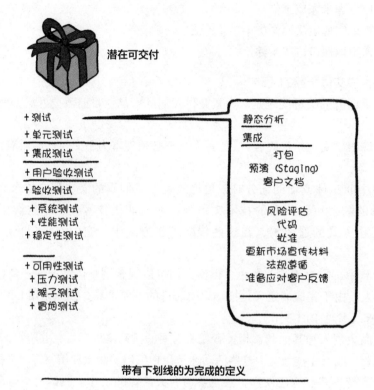

图 10-1 潜在可交付与初始完成定义

---

### 完成的数学公式

潜在可交付 = 完成的定义 + 未完成工作

Sprint 中的工作 = 产品待办事项列表条目 × 完成的定义

---

**潜在可交付**——在把产品交付给最终客户之前必须执行的所有活动。此清单不取决于团队技能或组织结构，而仅取决于产品。

**完成的定义**——团队、产品负责人和管理人员之间的协定，根据协定，活动在 Sprint 期间被执行。当完成的定义等于潜在可交付时，它便被认为是完美的。

**未完成工作**——完成的定义和潜在可交付之间的差异。如果完成的定义是完美的，就没有未完成工作。如果不是这样，那么组织必须决定如何处理未完成工作？如何改进以减少将来的未完成工作？

**尚未完成条目**——在 Sprint 期间开始但尚未完成的产品待办事项列表条目。这常常会与未完成工作混淆。"尚未完成"是在 Sprint 结束之前开始但尚未"完成"的产品待办事项列表条目，而未完成工作甚至从未计划过。当团队存在没有完成的或部分完成的条目时，他们应该会感到有些担心，并且应在回顾过程中讨论改进措施。

**未启动条目**——在 Sprint 期间计划过但从未启动的产品待办事项列表条目。只需要把它放回到产品待办事项列表即可。但团队仍应找出原因，并在回顾过程中讨论这一点。

### 3. 探索如何处理未完成工作

在这一步中要回答的关键问题是"谁来做未完成工作，什么时候做？"有几种执行未完成工作的方法，但让我们首先通过看一个场景，来探讨一下未完成工作的影响。

在图 10-2 中，团队们根据完成定义完成了 20 个产品待办事项列表条目，但仍有很多未完成工作（例如稳定性测试和客户文档）——这是由于其弱完成定义所致。接下来的两个 Sprint，团队们继续着开发工作。

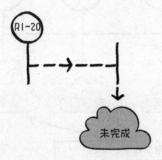

图 10-2　未完成工作起因于不完整的完成定义

在图 10-3 中，团队根据他们的弱完成定义，在三个 Sprint 中完成了 60 个产品待办事项列表条目。这时未完成工作的数量已大大增加。对进度的错觉，使得产品负责人认为已经有了足够多的功能，加上产品负责人对产品的市场潜力感到非常振奋，于是决定当前就是合适的交付时间。

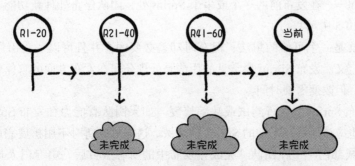

图 10-3　未完成工作不断堆积

但是……他们不能发布产品。尽管团队已经"完成",但他们的弱完成定义导致了大量累积的未完成工作。这种未完成工作会导致延迟和缺乏透明度,其中隐藏着重大风险。

**延迟**——未完成工作会导致产品负责人在开展工作时缺乏灵活性——由于大量未完成的工作所带来的不灵活性,产品负责人无法对市场需求和变化做出直接响应。加上完成未完成工作的工作量难以预测,这一事实如同雪上加霜。

**风险**——未完成工作会导致透明度的缺失,它推迟了识别风险的时机(如图10-4所示)。例如,如果性能测试是剩余未完成工作,则可能存在的系统性能不佳的风险将一直会隐藏到接近发布之时……如果风险变成现实,那将会造成极大的伤害。

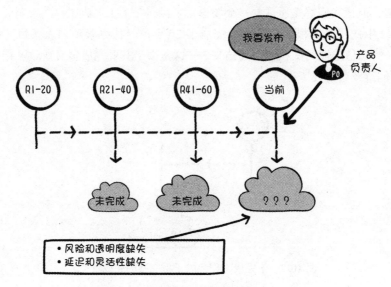

图 10-4 未完成工作导致风险和延迟

### 处理未完成工作

处理未完成工作的最佳方法和唯一好方法是通过强完成定义来防止它。当这种方法还不可能实现时,下面给出三种可暂时使用的处理未完成工作的方法。

**发布Sprint**——在发布前的一个或多个Sprint处,团队停止处理新功能,转而执行未完成工作(如图10-5所示)。

发布Sprint是一个可怕的想法,但有时却是必要的,并且可以一直沿用到团队能够扩展他们的完成定义。发布Sprint最常见的用法是处理公司在发布方面的官僚作风。部署官僚最终需要解决,但改变需要时间。

不要在发布Sprint中进行测试或缺陷修复。如果团队有能力在发布Sprint中做这些工作,那么他们也应该能够在平常的Sprint期间做。这样可以暂时不用扩展完成定义。

**确定未完成部门**——在团队"完成"发布中的所有条目后,由专门人员执行未完成工作的部门(如图10-6所示)。

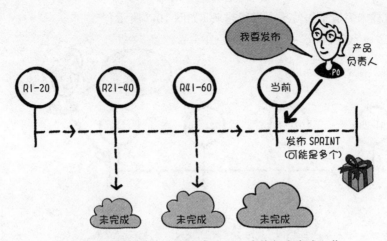

图 10-5　糟糕的主意：在发布 Sprint 中执行未完成工作

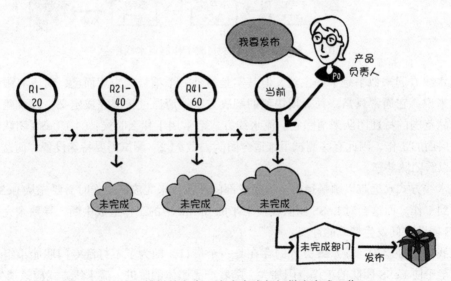

图 10-6　糟糕的主意：由未完成部门做未完成工作

　　大部分未完成部门都如同远古遗迹，或一种临时创可贴，一直会坚持到团队扩展其完成定义。未完成部门最常见的作用是执行尚未自动化的测试或者由于团队工作范围限制而无法由团队执行的测试。对未完成部门通常使用传统的项目管理技术或看板方法来进行管理，因为在未完成部门中使用 Scrum 是没有意义的。

　　所有 LeSS 采用的目标都是为了团队在每个 Sprint 中（或更频繁地）发布。为此，需要淘汰所有未完成部门，因为它们会导致额外的交接、延迟、中断、风险和被削弱的学习。去赢得专门化职能团体所拥有的好处是不值得的。

　　**未完成部门的流水线作业**——在每个 Sprint 结束时，LeSS 团队将未完成工作移交给未完成部门，这样未完成工作就不会累积起来（如图 10-7 所示）。

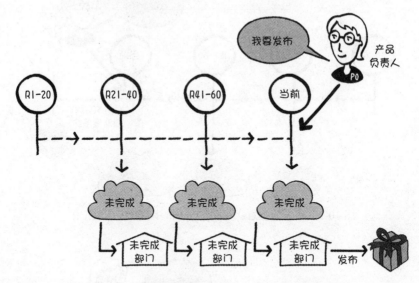

图 10-7 糟糕的主意：未完成工作的流水线作业

流水线看起来似乎是个好主意，但其实是另外一个糟糕的主意而已，对于有限范围的团队们来说，它通常只是一种短期快速的解决方案，请通过扩展完成定义，以及建立真正的、产品范围的特性团队来消除它。流水线方式最常用于什么时候：（1）LeSS 团队仍然承担组件层面的工作，因此有些测试很难适合团队去做；（2）测试需要特殊设备，而这些特殊设备难以跨团队共享。

流水线方式永远难以顺畅运行。未完成部门在执行未完成的工作时需要先从 LeSS 团队那里拿到工作。而这会对 LeSS 团队在接下来的 Sprint 中的工作造成中断，导致未完成部门和 LeSS 团队之间发生持续的冲突。

在我们的经验中，流水线方式的存在是一个借口，即为了不打乱专门职能小组，或者为了不至于使 LeSS 团队的工作范围加大。随着产品团体的改进，流水线方式应该消失。

### 4. 实现为扩展完成定义而做的第一个改进

在这个步骤中要回答的关键问题是"是什么阻止了我们去扩展完成定义？"完成定义定义了产品组织当前的敏捷性，未完成工作突显了改进的机会。我们可以做些什么改进呢？

考虑如下这些常见的改进：

❑ **自动化**——许多未完成工作传统上是手动工作，必须实现自动化。

❑ **协调**——产品组织通常以多种方式（例如四个类似的测试框架）解决相同的问题。让所有团队使用许多相似但不同的技术来保持测试很少能产生效果，因此 LeSS 团队需要就一个标准达成一致。

❑ **环境**——有些环境难以使用或共享（例如测试设备）。可能需要改进使用方法，并且必须在 LeSS 团队内部商定如何共享。或者，通过增加虚拟化来减少对环境的依赖。

❑ **并行化**——有时 LeSS 团队会假定某些工作必须按顺序来完成（例如，在完成所有代码后开始测试）。这种假设常常不正确，工作可以通过不同的方式并行进行。

❑ **跨职能**——有些未完成工作所要求的技能 LeSS 团队还尚未具备（例如技术写作）。通过交叉培训或增加具备所需技能的人员来提升跨职能能力。一个常见的做法是把未完成部门的人员移动到 LeSS 团队中。

审查未完成工作并为扩展完成定义集思广益各种改进方法。等到团队实现这些改进时，请把这些改进事项放入产品待办事项列表中。

## 10.1.3 指南：完成定义的演进

完成定义包含许多方面，它需要密切监测，不断演进。完成定义的完美目标是

组织能够在每个 Sprint 中（或更频繁地）发布产品。

不同角色会从不同角度观察完成的定义：

**经理**——尽管完成定义不完整，但完成定义是监控和管理组织变革的主要工具。扩展完成定义能够引导组织变革，促成战略决策，并且其通常也是管理人员的责任。

例如，设想一个由五个开发地点组成的产品组，其中两个地点由于测试设备的高成本而设有专门的系统验证组。扩展完成定义的结果可能是，在所有地点发展系统验证技能，放弃单独的系统验证组，并研究如何跨多个地理位置共享测试设备。这远非简单的改变！

经理需要鼓励团队改进和扩展他们团队的完成定义。让团队扩展他们自己的完成定义，可以使以后扩展产品的完成定义变得更容易。

避免单方面扩展完成定义，尤其要从现场观察中获取真知（参见 5.1.6 节）。

**团队**——每一个 Sprint 都是一个检查与调整的改进周期，完成定义是驱动团队工作方法改进的源泉。每个团队都可以独立扩展他们自己的完成定义，而不仅仅是产品级的完成定义。

例如，在前面提到的系统验证示例中，一个 LeSS 团队可以通过学习系统验证或探索共享昂贵测试设备的不同方式来实现对自身的改进。

**产品负责人**——弱产品定义会导致风险和延迟，从而妨碍产品负责人实现价值的最大化和决定交付的时间点。一个好的产品负责人会重视改进，以提高组织的敏捷性。

例如，在前面提到的系统验证示例中，产品负责人可能会痛苦地经历由系统验证导致的延迟，她可以通过投资测试设备或与团队讨论需要添加哪些产品待办事项列表条目以改进他们的完成定义进而改善这种状况。

**Scrum Master**——不去扩展完成定义是不去做改进的信号。Scrum Master 负责打造团队使其成为自管理和不断改进的团队，Scrum Master 负责帮助组织改进。

例如，在前面提到的系统验证示例中，当团队没有讨论如何改进其完成定义时，问问自己诸如"是什么阻止了我的团队提升其系统验证技能？"等类似的问题。

完成定义以及团队实现完成定义的效果是衡量 Scrum 实现健康状况的重要信息。

完成定义的扩展通常通过以下方式来决定：

**管理层讨论会议**——管理人员要问自己一个关键问题"如何扩展完成定义？"提高组织的交付能力是管理人员的主要责任，而完成定义是实现这一目标的关键工具。

**回顾**——团队级回顾和全体回顾都可以生成改进事项。这可以改善团队成员的生活，或提高产出和质量，或促进完成定义的扩展。产品级完成定义在所有团队之间共享，但鼓励每个团队对其进行改进。

**社区**——社区讨论是分析组织行为和系统问题的理想场所。在这里，也能帮助团队更好地思考扩展完成定义的方法。特别是 Scrum Master 社区，这是一个很好的地方，可以充分利用（参见 13.1.6 节）。请记住，各位 Scrum Master 有责任与经理们一起确保已发现的问题得到了清除，并因此改变了组织。

达到完美完成定义的组织是否已经完成了改进？不，改进永远不会完成，也永远不会停止。可以进一步改进如下：

- 使 Sprint 更短。
- 在一个 Sprint 中多次发布。
- 扩展完成定义使其超越潜在可交付，并将获得市场成功纳入完成定义。在这种情况下，条目的完成意味着，客户如何使用它也是可以度量的。精益启动框架将此称为验证式学习。

## 10.2 巨型 LeSS

没有专门针对巨型 LeSS 的规则或指南。一个共享的完成定义适用于整个产品，涵盖所有需求领域。

第三部分 *Part 3*

# LeSS Sprint

# 产品待办事项列表梳理

我不一定同意我所说的一切。

——马歇尔·麦克卢汉

## 单团队 Scrum

首先，请注意章节的顺序："产品待办事项列表梳理"一章放在" Sprint 计划"一章之前。但是实际中，产品待办事项列表梳理（PBR）不是正好发生在 Sprint 计划之前，而是在 Sprint 计划之前很远的地方——通常是在前面某个 Sprint 的中期发生的。这样组织章节是因为从需求流的角度来看，需要从产品待办事项列表梳理开始。

Sprint 计划期间所选上的产品待办事项列表条目必须足够小并且团队能够充分理

LeSS 多地点总体 PBR 研讨会

解，这样有助于团队判断该条目确实可以在计划的 Sprint 中"完成"。因此，在每个 Sprint 都需要持续地进行 PBR 工作，以便为未来的 Sprint 做好准备。有关的活动包括澄清和细化，分解，以及估算。本着真正的经验性过程控制精神，Scrum 没有说明如何进行 PBR，但建议团队在这方面花费不超过 10% 的 Sprint 时间。它通常在 Sprint 中期进行。

对条目的梳理并不是由产品负责人、"产品负责人团队"、业务分析师团队、产品经理小组，或 UX/UI 设计人员单独来进行的，因为这样做会增加交接、库存 /WIP 等方面的浪费，并且还会降低客户和用户团队的同情与理解。相反，这项工作要由整个团队，而不是该团队的子集（如"BA 专家"或"UX 专家"）来执行，因为在 Scrum 中没有专门针对特定领域（如分析或 UX）的子小组。《Scrum 指南》解释道：

> [PBR] 是一个持续的过程，产品负责人和开发团队在产品待办事项列表条目的细节上进行协作。……Scrum 认为在开发团队中不应存在任何子团队，无论需要处理的是什么样的特定领域，如测试或业务分析；这条规则没有例外。

## 11.1　LeSS 产品待办事项列表梳理

规模扩展时，以下原则与产品待办事项列表梳理相关：

**整体产品聚焦**——如果各个团队分别梳理不同的项目（局部优化），那么其效果将局限于领域知识，降低敏捷性，并使协调变得困难。解决这一问题的方法至关重要。

**以客户为中心**——在传统组织中，所谓需求通常是技术性或功能性任务，这些任务为孤立的团队而设，而不是为了真正的客户目标。因此，在传统组织转型为 LeSS 的过程中，许多开发人员对整体的客户需求以及客户语言和客户领域感到生疏，更不用说与客户一起解决问题了，他们很可能会引用客户先入为主的解决方案。

**思想和排队理论**——在旧的组织中，经常由多个职能团体一起来定义需求，并把它们传递给业务和 UX 分析人员、UI 设计人员、产品经理等。这会造成很多浪费，产生很多充满中间 WIP 的文档。从局部看似乎很有效率，但真正的成本和问题并没有捕捉到。在之后声称 Scrum 或敏捷采用已经完成时，实际上其中这些动态或问题还留在原地，只是被贴上了诸如"产品负责人团队""故事编写团队"等新标签。浪费和排队现象依然存在。

### 11.1.1　LeSS 规则

---

产品待办事项列表梳理（PBR）是由每个团队针对将来可能执行的条目来进行的。要进行多团队或总体 PBR 工作，以提高团队成员对待办事项列表理解的一致性，并在条目密切相关或者需要更广泛的输入 / 学习时，发现并利用各种协调机会。

产品负责人不应独自处理产品待办事项列表梳理工作；而应鼓励多个团队与客户 / 用户及其他利益相关者直接合作，并从中获得支持。

所有优先级顺序都由产品负责人确定，但优先级的澄清工作应尽可能直接在团队、客户 / 用户和其他利益相关者之间进行。

---

### 11.1.2 指南：产品待办事项列表梳理类型

在 LeSS 框架中，产品待办事项列表梳理（PBR）是指团队利用研讨会的机会与用户和利益相关者澄清后续要做的条目，分解大条目，并（重新）估算条目。进行产品待办事项列表梳理的精确模式取决于以下因素：

❑ 条目不会预先分配给特定团队，因为这会降低敏捷性和减少学习，并且提升关键团队的脆弱程度。一组团队通常需要一起来梳理一组条目，而不需要决定哪个团队将要实现哪个条目，因为这样可以拓宽知识、加强协调并提高敏捷性。

❑ 让所有团队梳理所有条目可能会花费太多的精力，并且可能导致多个无聊的梳理会议。当一个团队知道他们团队不实现某个条目时，也很难保持他们每个人对澄清工作的兴趣。

不同情形有着不同类型的 PBR，以下为四种类型的 PBR 会议：

**总体 PBR**——在多团队或单团队 PBR 之前举行的以产品为中心的整体 PBR。总体 PBR 用于探索哪些团队可以改进哪些条目，并加强学习和协调。

**多团队 PBR**——在该 PBR 中，有两个或多个团队的所有成员一起梳理一组条目，但尚未决定这些团队中的哪一个将实现哪个条目。

**单团队 PBR**——一个团队的所有成员都在其中梳理最可能要由他们来实现的条目的 PBR。这与 Scrum 中的情况相同。

**初始 PBR**——在决定采用 LeSS 时，在产品生命周期初期仅举行一次的 PBR。在初始 PBR 中，所有团队一起创建第一个产品待办事项列表，并提炼出足够的条目以开始第一个 Sprint。

下表是对不同梳理会议的总结。

| | 总体 PBR | 多团队 PBR | 单团队 PBR | 初始 PBR |
|---|---|---|---|---|
| 成员构成 | 所有团队 | 2 个或 2 个以上团队 | 1 个团队 | 所有团队 |
| 包括产品负责人吗？ | 一定 | 不一定 | 很少 | 一定 |
| 包括客户 / 用户吗？ | 很少 | 可能 | 可能 | 一定 |
| 确定哪些团队做哪些条目？ | 是（确定优先条目集合以及一组实现团队） | 不需要 | 已确定 | 不需要 |
| 澄清程度 | 轻度 | 深度 | 深度 | 深度 |
| 时间长度 | 稍短 | 0.5～1 天 | 0.5～1 天 | 至少 2 天 |
| 典型频度 | 每个 Sprint 一次 | 很多个 Sprint 一次 | 很多个 Sprint 一次 | 仅一次 |

拥有 2～3 个团队的产品组通常只举行一次 PBR 会议，产品负责人、用户和所有团队的所有成员都要参加，并一起对所有条目进行深入梳理：把总体 PRB 和多团队 PBR 会议相结合更高效。

对于拥有 3 个或更多个团队的产品组，PBR 会议通常采用组合方式，先是总体 PBR，接着是多团队 PBR 和单团队 PBR。要避免单团队 PBR，除非绝对确定哪些团队将实现哪些条目。一般而言，建议一组团队进行多团队 PBR 梳理一组条目。图 11-1 显示了一个常见的 PBR 模式。

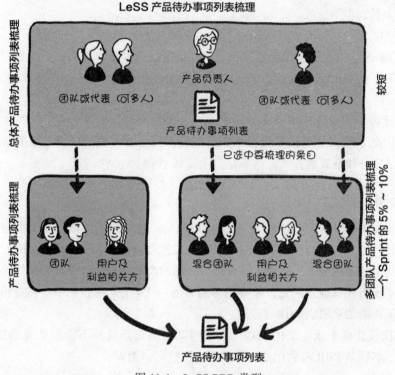

图 11-1 LeSS PBR 类型

## 11.1.3 指南：总体 PBR

在总体 PBR 中需要决定将由哪个团队来做进一步的深度梳理：要么是一组梳理条目集的团队（理想情况），要么是单个团队。有时根据团队过去的工作或最近的兴趣点很容易决定哪些团队最适合梳理哪些条目，这种情况下该团队可以跳过总体 PBR。

总体 PBR 是"短暂而和睦的"。例如，对于两周的 Sprint，1 个小时即可。与会者包括产品负责人以及来自所有团队的代表或所有团队——在大型组织中，大多数情况下都是派代表参加。基本活动包括：

- ❏ 与产品负责人讨论方向和愿景。
- ❏ 讨论要梳理的条目。
- ❏ 确定要参加后续深度团队 PBR 的团队和条目。
    - ■ 为了增加学习，提高敏捷性，并降低"关键团队"脆弱性，建议使用一组团队梳理一组条目的方式而不是"团队 A 处理 [X, Y, Z]"：也就是使用多团队 PBR 方式。

❑ 确定需要合作和协调的强相关条目；也导致采用多团队 PBR 方式。

在总体 PBR 中，产品组还可以：

❑ 分解大条目，这会引发讨论和学习。

❑ 估算条目，这同样会引发讨论和学习，也有助于跨团队同步估算（参见 11.1.8 节）。

❑ 澄清条目，但不深入。

　　■ 例如，澄清可以有时间限制（"10 分钟"）或内容限制（"两个例子"）。

**代表**？ LeSS 中的这一建议会重复出现：任何会议如果有代表参加，代表应该采用轮换制。这样有利于挖掘更多的观点，加强团队成员多样化的技能，减少"特殊人员"特有的弱点。

**条目选择者**？ 在总体 PBR 期间，让团队（而不是产品负责人）决定将哪些条目转移到多团队或单团队 PBR。这可以促进自组织，减轻产品负责人的工作量。如前所述，最好使用一组团队梳理一组条目的方式，而不是"团队 A 处理 [X，Y，Z]"。

## 11.1.4　指南：多团队 PBR

在多团队 PBR 中，两个或多个团队的所有成员一起梳理条目集，而不决定哪个团队将实现哪个条目。因此，他们会把团队对条目的决策推迟到将来 Sprint 计划的时候。组织敏捷性——对变化的快速响应——提高了，而广博全面的产品知识也会促进自组织协调。还有谁参加呢？除了所有团队成员之外，重要的参与者还包括客户／用户和一些利益相关者。完成后，通常就不再需要单团队 PBR 了。

当然，仅仅让两个或三个团队在同一个房间里梳理条目并不能神奇地增加共同理解，等等。因此，多团队 PBR 必须包括一组"混合"技巧，例如：

1. **团队混合**——从每个团队抽取人员组成临时混合小组。例如，两个小组重新组成两个混合小组。

❑ 在完成后面的所有步骤后，考虑为下一个周期建立新的混合小组，以增加多样性和互动机会。

2. **轮换梳理**——在同一房间的不同区域，每个混合小组独立梳理不同（或相同）的条目，例如在不同的白板、桌子或不同的电脑投影仪周围。经过"30 分钟"的时间箱后，所有小组都轮转到下一个工作区（以及正在梳理的相关条目），并确保留下一两个人，以便进来的小组能够快速跟上当前梳理的进度。留下来的人通常包括客户／用户或其他利益相关者，他们最有能力帮助团队梳理条目。

3. **分合循环**——小组花一些时间分别在房间不同的区域对不同（或相同）的条目进行梳理，然后再合起来花一些时间一起分享见解、提出问题和寻求进一步协调的机会。

为什么要进行多团队 PBR？

❑ **提高组织敏捷性**：多团队 PBR 能够让更多的团队一起实现一组条目。从另一个角度看，这会延迟决定哪个团队将实现哪个项目。因此，产品负责人可以以更多的方式改变条目的顺序，对引起变化的各种因素及时做出响应，不要做"只有团队 A 可以实现 X"这样的严格限制。这样敏捷性就提高了！

❑ **增加整体产品聚焦和知识：**一起进行多团队 PBR 的团队通过以下形式获得更广泛的领域知识：（1）接触更多不同的条目；（2）接触其他团队成员和其他知识。这提高了他们理解、观察和关注整体的能力。

❑ **改善协调：**多团队 PBR 教育团队更详细地了解其他团队知道的和正在做的事情。这加强了协调和分担工作的能力。

## 11.1.5　指南：多地点 PBR

总体 PBR 或多团队 PBR 可以以多地点的方式进行。有关多地点的一般性提示，参见本书 13.1.7 节。本指南重点介绍与 PBR 有关的提示。

**分解**

分解大条目时，在白板上绘制树形图表通常很有用（参见 11.1.7 节）。类似地，在多地点会议中可以使用共享思维导图绘制工具（例如在浏览器中），因为这些工具可用于创建树形结构，而且不同地点的人可以同时看到并修改思维导图。

**澄清**

**实例化需求**[⊖]（SbE）是小组通过讨论实例来澄清和了解条目的杰出技术。SbE 长期以来被鼓励在 LeSS 中使用。如何在多地点 PBR 中执行这种技术呢？使用共享电子表格（例如在浏览器中），因为许多实例自然而然适合表格式。所有地点的用户都可以轻松修改它。

**估算**

首先，避免使用所谓的"敏捷"计划工具，因为它们往往会让人们将注意力集中在工具上，而不是人们彼此之间，还因为卡片等实物工具往往能更好地激励和吸引人们。其次，在 LeSS 中可以使用任何估算技术，但这里假设使用"计划扑克"技巧，因为它非常流行（参见 9.1.6 节和 11.1.8 节）。

**网络摄像机加实物计划扑克或自己的双手**——在多地点会议中，人们可以使用大字号的大扑克牌，以便其他人可以通过网络摄像头看到。另一种方式是使用拳头和手指示意来表示不同的估计值。

**共享聊天**——每个人都带一个具有共享聊天工具的设备。当主持人说"亮出数字"时，每个人都可以键入数字。

## 11.1.6　指南：初始 PBR

采用 LeSS 的产品组在其第一个 Sprint 之前，产品待办事项列表必须到位，并且其中有足够的、团队已理解的条目，以便团队开始工作。在 LeSS 中，把这种初期准备好的 PBR

---

⊖　参看图书《沟通鸿沟》(Bridging the Communication Gap) 和《实例化需求》。

巧妙地称为**初始 PBR**。顺便说明：本指南在本书第 3 章中已经有过描述，但主要是与一般 PBR 有关，故而在此将做进一步解释。

**为什么麻烦?**

已经采用了 LeSS 的产品组可能会问："为什么要费心这样做? 我们已经有了待办事项列表，我们的队员已经理解了需求。"实际上，这两个认定可能都不正确，使用初始 PBR 还有其他两个原因。

❑ **现有的"待办事项列表"并不是有用的 LeSS 产品待办事项列表。**

在指导一个刚开始采用 LeSS 的组织时，我们通常会问："您是否已经有了待办事项列表?"答案总是："哦，是的，我们有 JIRA<sup>⊖</sup>/Rally<sup>⊜</sup>/……列表!"小心! 我们曾与一个产品组织合作过，一开始他们在 JIRA "待办事项列表"中有 508 个条目。经过一个两小时的活动，从中提取了 23 个条目，并输入到产品待办事项列表中! 为什么? 大多数旧的"条目"都是为单一职能团队而设定的职能性任务（分析、设计、测试，……），为组件团队设定的组件任务，等等，所有预测都基于旧组织认定的方式，而这些在新的 LeSS 特性团队结构中不再有意义。

❑ **人们不理解重组的条目。**

条目需要用真正以客户为中心的端到端的方式来表达，并以这种方式让人们理解。由于以前的团队是孤立的，因此新的特性团队需要花大量时间学习这些重组的条目。

❑ **对以客户为中心的观点了解有限。**

即使以前旧条目是按以客户为中心的方式表达的，以前孤立的专家也只关注狭隘的任务，并不了解完整的以客户为中心的观点。

❑ **没有对重组的条目进行估算，或者估算不佳或不足。**

重组的条目需要重新估算。即使这些条目不需要重新构造，估算结果也往往来自其他团体，而不是新建的特性团队。产品负责人需要知道大多数或所有条目的估算，以支持长期计划。

❑ **新的更宽泛的产品定义。**

在 7.1.2 节中解释过，在 LeSS 采用中，产品范围可能会变得更宽广。因此，可能需要将几个现有的待办事项列表合并成一个新的更宽泛的待办事项列表。这种变化意味着一个新的更宽泛的产品愿景，也意味着很大的知识差距，同时，许多彼此不熟悉的人将很快一起交付产品，所有这些变化应向人们及时通告。

❑ **没有共同的产品愿景。**

无论它是不是新的、定义更宽泛的产品，由于传统团体的孤立，很少有人了解产品愿景，即使有，也可能只有一个! 初始 PBR 是形成和沟通共同愿景的时机，也是对共同愿景

---

⊖ 一个缺陷跟踪管理系统。——译者注
⊜ 一个 Scrum 项目管理工具。——译者注

的认识达成一致的时机。

## 基本要素

**先决条件？**（1）产品负责人已确定；（2）特性团队及其成员已确定；（3）已有足够详细的信息来支持团队以充分梳理条目，为 Sprint#1 做好准备。理想的情况是用户 / 客户和一些利益相关者能够参与进来，同时也可以包括现有文档或待办事项列表。

**持续时间？** 通常是两天或更长。

**与会者？**"所有人！"产品负责人、所有团队的所有成员、客户、用户、领域专家、产品经理、Scrum Master 和支持经理。

**地点？** 即使对于多地点团队，也应在某个地点把大家集中于一个大研讨会房间中来进行初始 PBR 会议。

## 目标

初始 PBR 的基本目标是充分梳理足够多的条目，以便所有团队都能在第一次 Sprint 中高效实现条目，直到"完成"，并创建可交付的产品。

其他目标：（1）建立共同愿景和理解；（2）产生创新想法；（3）确定早期主要目标；（4）制定长期计划。这些目标或多或少取决于组织和产品的当前状态。例如，在一个长期稳定，地点单一，并且从事成熟产品工作的组织中，这些目标可能已经实现了。与之形成鲜明对比的是一个有三个年轻地点、刚刚两岁的产品在一个火爆的市场中爆炸式地增长。

### 基本目标：充分梳理足够多的条目

要达成这一目标通常会占用初始 PBR 的大部分时间。

**怎么做？** 因为所有团队都在一起，所以请参考 11.1.4 节了解应该如何合作。虽然存在流行的技术包括敏捷建模和实例化需求，但在经验性过程控制的精神指导下，LeSS 方法并不规定梳理条目的方式。

**多少个条目？** 为第一个 Sprint 准备多少个条目？正如 11.1.7 节"中所解释的那样，瞄准足够小的、团队可以在一个 Sprint 中完成大约 4 个的条目。因此，如果有 5 个团队，这意味着在初始 PBR 中至少准备 20（4×5）个条目。但是等等，我们注意到，在大多数情况下，条目从模糊和未经审查到明确和能够执行平均需要两个 Sprint。在这种情况下，在初始 PBR 过程中，团队们需要准备大约 40 个条目，这便足以为早期 Sprint 做好准备，而在 Sprint # 1 中，团队就会开始为后期 Sprint 梳理条目。

### 目标：建立共同愿景，增进共同理解

每一次 PBR 会议都是建立愿景和增进共同理解的机会，但初始 PBR 是**整个**产品组第一次需要特别关注的时刻。例如，在前面的传统组织中，愿景可能只是产品经理的天地，程序员 / 测试人员等仅仅是执行命令。而在新 LeSS 产品组中则不然。

**怎么做？** 首先，熟练的研讨会主持人对于这类活动是无价之宝！使用任何技巧都可以，

但我们建议使用合作、有趣、迅捷的技巧，在一本名为《创新游戏与游戏风暴》（Innovation Games and Gamestorming）的图书对此有所描述。

### 目标：产生创新想法

与愿景一样，任何一次或者每一次 PBR 会议都是一次激发创新想法的机会。但是，初始 PBR 是设定基调让每个人都参与创新的理想的第一步。

怎么做？再一次，使用任何技巧都是可以的；我们建议采用《Innovation Games and Gamestorming》一书中提供的一些创新游戏。

### 目标：确定早期主要目标

与创新一样，每一种 PBR 会议都是考虑新目标或替代旧目标的时机。但是初始 PBR 是开始这样做和实践新技术最自然的时机。

怎么做？我们经常推荐的两种技巧是影响地图（如图 11-2 所示）和故事地图。建议大家学习相关的优秀图书：《Impact Mapping》和《User Story Mapping》。

图 11-2　初始 PBR 中的影响地图技术

### 目标：长期计划，反复进行

首先，Scrum 没有正式包含"发布计划"的概念，这有充分的理由。为什么？因为关键的完美目标是至少每个 Sprint 交付。这是敏捷开发中的一个重要概念，能带来许多好处，所以在 LeSS 中也会对此加以强调：至少每个 Sprint 都要有交付。这样，大批量计划所具有的所有复杂性都会消失，并且有强大的敏捷性支持对变化进行快速响应。

但是，当然存在一些情况——在大规模开发中最常见的情况——例如，为了与内部团体（例如与市场部门做营销活动）、客户（例如组织部署新的无线电塔）和各种大事件（例如商业展览）的日期保持同步，需要制定长期计划。这时，初始 PBR 正是制定长期计划的机会。

关于长期敏捷计划的一个关键点是：

在制定长期计划时，为一定范围的条目规划交付日期有时是有必要的，但不要为条目指定具体的 Sprint。这会扼杀敏捷性。

**怎么做？** 不管用什么样的技巧，一个关键问题是，"多长时间做一次较长期的计划？"每一个 Sprint 都是一次学习和调整的机会。初始 PBR 只是第一次的长期计划；如果重要的话，在以后每次 PBR 会议上、每一个 Sprint 中都可以重新规划更长期的计划。

在制定长期计划时，为了与其他重要方面在日期上保持同步，一个关键因素是在初始 PBR 期间要进行一些估算。在后面的 11.1.8 节中将扩展该主题，但这里给出一个要点：

选择最简单的、既符合目的又能促进讨论和学习的技巧。

长期计划的第二个关键因素是顺序，通常是较大的目标或主题的顺序。LeSS 自然没有规定这种技术，尽管它建议了一些确定早期主要目标的技巧，包括影响地图和故事地图技术。

### 架构设计与初始 PBR

初始 PBR 的结果可能会隐含团队在 Sprint # 1 之前应该考虑的一些重要的架构方面的变化。在初始 PBR 期间是否讨论并解决了此问题？没有。PBR 是为了理解和学习客户的观点，而不是为了技术设计。需要在初始 PBR 之后，为团队组织一个或多个设计研讨会，让他们探讨技术设计（参见 13.1.8 节）。

## 11.1.7　指南：条目分解

大规模是一个巨型需求的世界，所以我们总是听到这样的话："我们的团队不可能把需求正好放进两周的 Sprint 中。它们不可能既保持以客户为中心的特点又能变得很小。"我们愿意邀请此人把他们最大、最不可能的、从来没有拆分成面向客户的小条目的条目告诉给我们，然后大家一起在白板上分解。通常只需要大约五分钟，可见实际上并不是那么困难。尽管情况各不相同，但只要稍加学习，你也可以成为一个需求分解认证大师（Certified Split Master）！

为什么要分解大型条目？

❑ 及早交付高价值或高风险元素可提高效益，增加反馈并降低风险。相关的是，小条目提高了产品负责人对真正重要的内容和下一步工作的可见性及控制力。

❑ 以客户为中心的"垂直"分解有助于在多个团队之间划分和并行化有价值的工作，而团队仍然可以执行完成定义中的所有活动。

> ❑ 一个条目必须可以在一个 Sprint 内完成，这样每个 Sprint 都会完成一些增量，WIP 随之降低。

在本指南中，将开始讲述如何分解需求。

### 如何学习？

多看一些附带丰富解释的例子有助于学习，讲述故事有助于学习。所以，下面就用一个例子来讲述分解条目的真实故事。还有更多值得学习的例子有助于掌握这门艺术。使用以下资源可助你成为需求分解认证大师：

LeSS 图书之一《精益和敏捷开发大型应用实战》（Practices for Scaling Lean & Agile Development）中有一个部分约 20 页，叫作"Try…Split Product Backlog Items"（尝试……分解产品待办事项列表条目），其中提供了许多详细示例。

上述部分也可以在 less.works 网站的指南部分找到，名为"Split Big Items"（分解大型条目）。

一本名为《Fifty Quick Ideas to Improve Your User Stories》的书中有一个 30 页的指南，其中介绍了如何学习需求分解。

Richard Lawrence 的在线"Patterns for Splitting User Stories"（用户故事分解模式）和"How to Split a User Story"（如何分解用户故事）。

### 如何分解？

学习如何分解需求的一个关键是了解分解角度，然后学习如何根据这些角度进行分解。下表描述了其中的一部分。

| 用例 | 主工作流或用例；CRUD 用例 | 配置 | 配置会变化，例如操作系统类型 |
|---|---|---|---|
| 场景 | 用例中的特定步骤序列 | 用户角色，人物角色 | 攻击者、防御者、超级用户、新手 |
| 类型 | 不同类型或种类的事物，如交易类型 | 数据格式 | XML，逗号分隔的格式，… |
| 外部集成 | 多种外部要素，例如交易所 | 数据部分 | 数据的多元素子集：可能有用 |
| 操作 / 消息 | 系统操作 / 消息，例如 HTTP GET，SWIFT MT304 | 非功能性 | 中等吞吐量 vs 高吞吐量，可恢复或不可恢复 |
| I/O 通道 | 输入或输出通道，例如 GUI 或命令行 | 桩 | 虚假的简单实现 |

下面的示例可以帮助大家学习分解角度。

### 分解示例：处理肯尼亚 – 市场托管交易

本示例来自于一个大型证券交易产品的"处理肯尼亚 – 市场托管交易"功能。这项工作以前是半人工完成的，但随着这个市场交易量的增长，交易小组希望它能够完全自动化。

于是举办了一个 PBR 会议，与会者包括团队成员和一些实际操作的用户，他们参与过半手动处理，很多需求都了然于胸。

**分解粒度**——当然，如果条目已经被估计为足够小，4 个相似的条目可适合一个团队进行一次 Sprint，那么就不需要进一步分解（本书后面会讲到）。在定义新的分解条目时，需要对条目进行估算以决定是否需要进一步分解。在这个例子中，原始条目经过估算属于大型条目。

**分解角度：按用例分解**——在 PBR 会议中与用户交谈时，能很清楚地了解到该需求包括"处理交易"。通常交易需求会被分为几个主要用例⊖，该需求也是如此：（1）结算交易；（2）处理交易未结清时的公司操作（例如股票分割）；（3）其他。

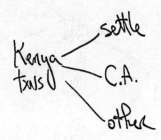

用户希望讨论并细化所有的用例。我们不得不让他们暂停一下，说道："让我们一步一步来澄清。哪些用例执行得最为频繁？"他们说："目前结算交易最为常用，并且我们需要首先做该操作，因为这样会快速降低成本和减少错误。"所以决定先把重点放在"结算交易"上。我们没有费心去挖出所有可能的用例。相反，我们在白板上绘制了一棵树，可以显示拆分出的主要子条目。

❏ 结算交易

❏ 处理交易未结清时的公司操作

❏ **处理肯尼亚 - 市场交易的其他所有事项**

这种带有"其他所有事项"占位符的局部分解在分解时非常重要。它可以减少过度处理和 WIP，并使小组集中在小批量开发上。这个大条目将作为未来条目的占位符放在产品待办事项列表中。

**下一步的重点是什么？分解方向**——是什么让我们专注于"结算交易"？下一个要专注的方向是什么？指南如下：

❏ **针对价值或影响进行分解**——例如增加营业额或市场份额，或者降低成本。

❏ **针对如下方面的学习进行分解：**

■ **领域**——例如不熟悉的衍生产品

■ **技术**——例如不熟悉的协议

---

⊖ "用例"是用户理解并使用的术语和模型。

- ■ 整个条目的**大小**
- ❑ **针对缓解风险分解**——例如，分解以澄清和交付一个预防罚款的条目，或分解以创建或评估新技术。
- ❑ **为进步而分解**——有时仅仅是开发一些东西就能建立起满足需求的信心。

**继续分解吗？**——分解后若人们立刻意识到它仍然是一个大条目，那就继续。

**按类型划分**——我们问："是否有不同类型的结算交易？"回答："有，买和卖。"这表明买入 / 卖出可能是进一步的分解点，但分解时我们首先必须问下面一个重要的问题……

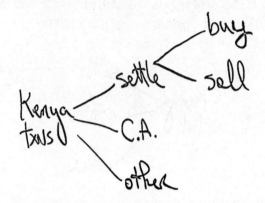

**分解会减少工作量吗？**——在理论上需求可以分解成"结清买入"和"结清卖出"，但这并不意味着它会分解所涉及的工作量。有时可以用完全相同的代码处理这些问题，所以，这样的分解是没有用的，因为它不会减少工作量。于是，我们这样问："相比买入和卖出的结算，它们的逻辑、业务规则、处理等是否相同？"专家们回答说："哦，不，有相当大的不同。"好！那就是说按交易类型划分是有用的。现在可以这样分：

- ❑ 结算交易
  - ■ 结清买入
  - ■ 结清卖出
- ❑ 处理交易未结清时的公司操作
- ❑ 处理肯尼亚 - 市场交易的其他所有事项

**下一步的重点是什么？**——自动化此需求的目的是减少手动处理的成本和错误。如果不同类型的交易处理的成本相等，那么交易处理类型的频率会指向最有收益的位置。

我们问："买入交易的百分比是多少？"回答："80%。"因此，我们进一步关注"结清买入"。

**继续分解吗？**——"结清买入条目很小了吗？"回答，"不，它还很大。"

**开放问题和发现变体**——到目前为止，我们在分解讨论中使用的都是经验，例如，"我们猜测那里有用例，如果是真的，就接着再问有哪些用例？"但提出开放式问题也很重要，因为经验并不总是能引导人们熟练地走向下一步。

在分解讨论中提出开放问题时，我们特别学习了需求中的变体。因为找到变体或替代需求是发现分解方法和加深理解的关键。

所以我们会提出："再多谈谈结清买入。"于是发现有两种主要的结算过程：免费，交割与付费，每种过程的需求不同。因此，分解如下：

❏ 结清买入
- 以免费方式结清买入
- 以交割与付费方式结清买入

随后我们发现，由于交易频率较高，以免费方式结清买入与首先交割相比更有利，但它仍然很大。

是时候提出更开放的问题了："谈一谈以免费方式结清买入吧？"随后，我们发现激活此用例的是一条传入的 SWIFT 消息，根据消息的特性存在不同的处理步骤。可以认为这是按消息类型（或特征）的分解。在对话中，我们发现了以下子条目：

❏ 以免费方式结清买入
- 以免费方式结清买入；所有交易方详细信息已嵌入传入的 SWIFT 消息中（"完整"）
- 以免费方式结清买入；部分交易方详细信息未在传入的 SWIFT 消息中提供（"不完整"）

对于后面这个不完整的变体，需要编写大量代码来检索和填写缺少方的详细信息。但对于完整的情况，没有什么需要做的。到此，小组感觉到以免费方式结清买入并且已提供所有交易方详细信息的条目可能足够小，所以不需要进一步分解了。

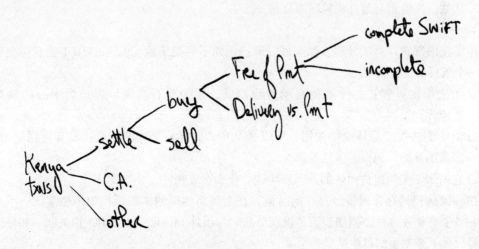

现在，产品待办事项列表中实际记录的都有什么呢？

❏ 以免费方式结清买入；完整 SWIFT 消息
❏ 以免费方式结清买入；不完整 SWIFT 消息
❏ 以交割与付费方式结清买入

❑ 结清卖出

❑ 处理交易未结清时的公司操作

❑ 处理肯尼亚－市场交易的其他所有事项

**祖先条目**——请注意，所有中间"祖先"都从待办事项列表中去除了。这是一个很好很简单的方法，但有时仍需要保留一些祖先信息。在这种情况下，请参见本书 9.1.4 节。

暂时完成了！

### 分解为细小端到端条目

考虑一下我们发现的这个新子项目：以免费方式结清买入；完整 SWIFT 消息。它是一个完整的、端到端的、"垂直"的、以客户为中心的功能，但很小。它只需要几个验收测试来验证即可。这正说明了分解的一个关键点：

> 分解为细小的端到端"垂直"需求。
>
> 不要将条目分解为内部设计步骤！

步骤是怎么回事？指的是开发人员根据内部设计的逻辑算法步骤来考虑开发。例如，对于结清买入变成如下步骤：

1. 识别 SWIFT 消息类型

2. 解析消息

3. 从数据库检索与消息相关联的交易

4. ……

不要按内部设计算法处理步骤来做分解；例如不要把步骤"识别 SWIFT 消息类型"定义为一个条目。为什么呢？

❑ 无法添加以客户为中心的自动验收测试，因为没有实现以客户为中心的端到端功能。

❑ 由于无法在产品环境中使用，所以是 WIP，并伴有经典的问题：没有可用的价值，隐藏的缺陷和风险，无法反馈。

❑ 它引入了类似组件团队的动态和问题。什么意思呢？

组件团队仍然存在或曾经存在的时候，在当时所创建的体系结构中，通常，一个处理步骤关联一个软件组件，例如步骤"识别消息"与组件 MessageIdentifier 相关联。如果确实是这样，接下来发生的可能就是……

假设把每个处理步骤定义为单独的条目；例如将步骤"识别 SWIFT 消息类型"定义为一个条目，等等。那么，做法就是，对涉及与该步骤相关的组件的客户需求及其"所有"变体的"所有"变更，进行定义和执行。例如，"为识别所有消息类型，执行 MessageIdentifier 组件中的所有工作，因此我们只需要碰它一次。"

即使存在明显的特性团队，这都将导致组织回退到组件团队所特有的动态和问题状态，因为他们正在开发单组件任务，这些任务隐藏在"处理步骤"需求的标签之下。

相比之下，"以免费方式结清买入；完整 SWIFT 消息"是完整的需求。它非常小，并且不可能是"结清买入"的所有变体，它是一个完整的流。它可以被集成、交付、使用，提供价值并给出反馈。并且，永远不需要更改自动验收测试。

### 失败场景先行

另一种迥然不同的分解方式是分解错误（故障）场景。一次我们参与了一个为产品实现 3G 电信标准 HSDPA 的开发活动。团队试图通过简化一个成功的场景开始分解。他们讨论的结果是：

在最简单的网络配置中进行 HSDPA 调用，忽略所有错误情况。

但他们发现即使是这样，条目也太大了。因此，他们不再关注成功场景，转而从失败的角度开始分解——电信网络中这样的场景很多。他们首先为最简单的、最可能出现故障的场景做拆分，然后沿着该场景逐步深入，最后实现更多的故障场景。经过两个 Sprint，故障场景的累积足以使他们开始实现最简单的成功场景。

为什么说这样做有用呢？通过分解故障案例，他们逐渐构建了一些功能，同时仍保持对客户观点的关注。此外，他们提早解决了一些风险，并增加了学习。当然，只有故障案例并不能（总是）提供可用的价值。

### 每个 Sprint 至少四个条目

拆分出的条目应该多小？当然必须比 Sprint 小，这样才能在一个 Sprint 中产出增量。另外，"几乎和整个 Sprint 一样大"也是不可取的。为什么？由于研发过程固有的高可变性，一个大条目在一个 Sprint 中很可能无法完全完成。于是，团队不能交付任何"完成"事项，故而就没有效益，并且反馈会变弱，学习和调整也会变少。

所以这里给出一个影响拆分大小的指导原则：在 Sprint 中，一个团队至少应该选择 4 个条目。

**为什么是 4 个？** 它在太大和太小之间取得了平衡。为什么不是两个？

❑ 对于大型条目，由于受限资源（如试验室设备）的可变性或可用性问题，其无法在一个 Sprint 中完成的可能性会增加。

❑ 如果在 Sprint 结束时有大量半成品（WIP）条目，产品负责人在下一个 Sprint 中的选择就会变窄，因为几乎总是需要迫使大家完成 WIP 条目。

❑ 大型条目往往会会促进松散的瀑布式实践，而且它们往往会导致团队被淹没在无尽的细节之中。

**为什么不是 10 个？** 在大规模的世界中，"每个团队 10 个条目"可能是可以接受的，但是会导致这样的缺点：（1）分解开销过大；（2）管理和理解庞大产品待办事项列表及其无数细小条目的开销过大；（3）难以保持以端到端为中心；（4）强化了个人完成条目而不是"整个团队一起"共同承担责任的旧趋势。

## 11.1.8　指南：大规模估算

在大型产品组中，估算问题包括跨团队估算单位的同步问题，以及估算目的与所需的工作量和所用的技巧之间的脱节问题，后者甚至更加严重。

**使估算工作量与目标相匹配**

大型传统组织会要求团队使用泰勒的"最佳估算实践"，而忽略具体情景，并假设"好的"估算总是好的，从不顾及成本和缺点。

> 估算不需要"准确"或"精确"；需要的是有效，有效取决于目的。

例如，试图提高估算"精度"的最常见原因是试图增加可预测性的"精度"。但是让我们重新考虑一下敏捷世界中的可预测性：首先 100%"精确"估算（术语上已存在矛盾）是不可能的，其次即使不以这种不可能性为估算目标，可预测性也是不能保证的，因为必然会有新的条目出现。我们有时会提醒客户，"唯一没有变化的产品是那些没有客户的产品。"因此，我们建议遵循敏捷原则（之一）：响应变化胜过遵循计划。

那么为什么要估算呢？

**ROI 优先顺序**——如果想让钱爆炸式增长，就需对爆炸和钱进行估算。

**同步日期**——与……

❏ **内部团体**——例如市场部的营销活动。

❏ **客户**——例如在向电信运营商交付新设备时，他们需要组织一个部署项目。

❏ **事件**——例如贸易展。

**评估"发布承诺"风险**——如果很不幸仍然做出了固定范围和日期发布承诺，估算（和重新估算）有助于确定风险和调整的必要性（参见 8.1.9 节）。重大发布承诺的另一种版本是在受限或固定价格外包项目的市场上玩火，特别是在固定范围项目中。估算用于评估效益可行性，评估效益和交付的风险。

**通过探索或暴露差异来学习**——共同估算可增加对条目的了解，有助于把注意力集中在需要的地方以便进一步澄清或分解条目。当人们对估算结果意见不一时，更多的学习就会发生。请注意，在这种情况下，有益的是估算过程，而不是估算数值。

**特定技巧与相对努力**

LeSS 是由经验性过程控制驱动的，因此没有规定具体的估算技巧。可以使用从计划扑克到参数模型等任何技巧。最重要的是：

> 选择最简单的、符合目的并且能促进讨论和学习的技巧。

### 同步各团队的估算单位

LeSS 自然也没有说明使用什么估算单位，但相对（故事）点非常受欢迎。为什么要在大规模情境中使用它们？其中一个原因是，相对（故事）点快速且易于创建，同时从中可以揭示出差异和学习机会，进而为及时更新估算值提供更多的机会——在大型产品组织中，面对如此多的工作条目，如果估算单位或估算技术比较恼人，有些事情就很少能够完成。为什么要更新估算？更新可以促进更多的学习，是产品和过程的经验性过程控制原则在实际中的体现。

为什么不都使用相对点呢？使用非相对单位，如人日，可消除同步问题。单位，易于理解，可以广泛使用，意味着较少的再教育或单位转换。此外，有些团体滥用和扭曲相对估算值（例如，将这些估算值与人日联系起来，单纯地利用这些估算值来比较团队，将这些估算值与目标和奖金挂钩），使得这些估算值变得毫无意义，丧失原本的作用。

使用点数时需要考虑估算值的比例问题：点数是相对的——"5"没有绝对的、独立的含义。两个团队可以定义不同的"5"。如果估算值用于决策或进度评估，则会由于不一致而导致问题。相反，如果团体就点数大小达成了共识或做好了同步，则会带来好处：

❑ 一致的估算——有助于确定 ROI 的优先级，并提高跨团队分配条目的灵活性。

❑ 产品层速度的把控——有助于预测。

如何同步？

**对照已完成条目进行校准**——为了提高同步程度，一种简单的方法是让团队对照产品待办事项列表中的一组已完成条目进行校准或比较。为了使这种方法更好地工作，应该选择多个类似条目，让人们有机会更多地熟悉这种校准方式。

**在多团队 PBR 或总体 PBR 中同步**——当两个或多个团队一起执行 PBR 并一起使用点数进行估算时，团队之间应保持一致，始终让相对点保持共同的含义。类似地，在总体PBR（由来自所有团队的几个代表组成）中，当估算是一起完成时，点数就是同步的。

## 11.2　巨型 LeSS

在巨型 LeSS 中，产品待办事项列表梳理是在每个需求领域上进行的，如同在小型LeSS 框架中一样。例如，"总体" PBR 会议针对的是一个需求领域，而不是整个产品。

对于巨型 LeSS 没有特别的 PBR 规则。

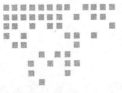

# Sprint 计划

只有在动物园里，工作和运动才是同一件事，因为人们付钱让动物园里的动物四处走动。

——大野耐一

LeSS 中的 Sprint 计划一

## 单团队 Scrum

Sprint 计划涵盖两个截然不同的主题：内容和方式。主题一侧重于条目的选择和遗留问题的讨论，可以在短时间内完成，这是因为先前澄清条目时进行过产品待办事项列表梳理。主题二集中在条目的初步设计和工作计划上。条目和任务构成了 Sprint 的待办事项列表。虽然产品负责人决定条目的顺序，但只能由团队决定所要选择的条目。所选条目不是范围许诺或者承诺，而是基于团队对现实的预测。

## 12.1　LeSS Sprint 计划

规模扩展时，如下原则与 Sprint 计划相关：

**整体产品聚焦**——多个团队时，每个团队朝不同方向前进和不协同工作的可能性就会增加，而且在计划的执行过程中这种可能性会被放大或者被缩小。

**经验性过程控制和持续改进**——尤其是在具有各种不同环境并且不断有改进需要的大规模情形下，如何运行 LeSS Sprint 计划会议必须由团队来决定。

**以少为多**——传统观点认为，制定大规模计划具有很大的复杂性，涉及许多依赖关系管理。但是，LeSS 计划是简单的，因为它由特性团队来负责协调。

### 12.1.1　LeSS 规则

---

Sprint 计划由两部分组成：Sprint 计划一由所有团队共同制定，而 Sprint 计划二通常由各个团队各自制定。多个团队可以在一个共享空间中为紧密相关的条目一起制定 Sprint 计划二。

Sprint 计划一需要产品负责人和团队（或团队代表）参加。他们一起试探性地选择每个团队在该 Sprint 中要做的条目。团队识别一起协作的机会，并澄清最终的问题。

每个团队都有自己的 Sprint 待办事项列表。

Sprint 计划二用于让团队决定他们将如何执行所选条目。这里通常会涉及设计和创建他们的 Sprint 待办事项列表。

---

### 12.1.2　指南：Sprint 计划一

除了把关注点放在内容上，在 LeSS Sprint 计划一（SP1）中还会发生什么？在回答之前，先提醒一下：在早期的产品待办事项列表梳理中，有一个指导原则，即一组团队一组条目。这对团队之间的共同理解和整个团体的敏捷性至关重要，并且其还暗示在 SP1 期间，哪个团队将要做什么并没受到限制（参见 11.1.3 节）。

因此团队和产品负责人需要对条目的划分做出决定。团队还需要识别合作的机会，并讨论如何合作。由于这是一项涉及许多团队和条目的复杂工作，因此 SP1 正是产品负责人和团队进行交谈，并现场调整条目优先级和分配方式的合适时机。

持续时间？在一个两周的 Sprint 中，SP1 最多两小时，SP2 最多两小时。如果 Sprint 长度不是两周，可以按比例确定 Sprint 计划所需的时间。

## 参与人

到 Sprint 计划一（SP1）要开始的时候，对即将开发的条目不应存在不清楚的问题，因为问题在产品待办事项列表梳理中应已得到澄清。那么需要谁参加计划会议呢？只需要产品负责人和 LeSS 团队或他们的代表参加。但特别是在 LeSS 采用的早期阶段，由于年轻团队对各方面知识的了解还存在较大差距，SP1 期间经常会出现一些小问题且无法得到解决。这时，考虑邀请其他专家（例如产品经理、用户 / 客户等）到现场来帮助回答小问题。如果这些差距正好是改进目标，那就不需要这种权宜之计了。

有多少 LeSS 团队队员参加呢？范围可以从所有人到每个团队一名代表。请注意，Scrum Master 不是团队成员，也不是代表。如果只有少数代表能参加，并且考虑到团队之间的均衡，则可以按照潜在交接问题数量的多少来确定团队成员的数量；还要考虑会议期间如何营造包容感，以及会议室的大小等事项。如果有代表参加，那么请采用轮换制。

会议应至少包括一个 Scrum Master 来指导如何进行 LeSS Sprint 计划并帮助改进它。

## 拣选条目

**会前分配？** 产品组是否应在 SP1 之前或期间为团队分配条目？也许可以在 SP1 期间。为什么？这种"尽可能晚地做决定"的方法可以推迟到获得足够多的信息时再做决定，这样有助于做出最明智的选择。这种方法允许更多的选项保持公开，因而提高了组织的敏捷性。它也鼓励整体产品聚焦，团队的视野因此而得以拓宽。

**由产品负责人决定？** 产品负责人是否应该为团队决定条目的划分？不应这样做；最好让团队来决定。为什么？这样做可以减轻产品负责人的工作量，有利于自组织，能够提高团队在选择不太熟悉的条目时的敏捷性和学习能力，并让团队对产品有更多的主人翁意识。特别是对于新组建的团队来说，自主决策的自由和激励明确地向团队传递了自管理，信任而不是微观管理，依知识做决策，以及重视学习的信号。

**争夺条目？** 如果出现一些有趣的条目由不同团队来竞争的情况，该如何处理呢？好大一个问题！因为各团队都参与争夺，于是，业务能力熟练的 Scrum Master 为团队提供了各种决策办法：从摔跤决胜负到让产品负责人打破僵局。我们建议由产品负责人最终决定哪些团队处理哪些条目（通常是针对一些关键或有风险的条目）。当然，产品负责人不能决定团队选择的条目数量。尽管如此，如果她觉得有必要把团队引向条目竞争，那么这种情况可能预示着存在更深层次的问题。

## 方案

下面是一个 SP1 示例，其中给出了一些技巧及其用途。

1. 将卡片放在桌面上——产品负责人使用卡片来形成各种条目组合，并将它们按产品待办事项列表顺序排放在桌面上。然后，团队成员讨论、决定、挑选，甚至交换条目。

2. 分散高优先级条目？——考虑这种情况：假设团队 A 拿到排序为 [1，2，3，4] 的条目，B 组拿到 [5，6，7，8] 的条目。在 Sprint 过程中，团队 A 因故放弃条目 4。结果是团队 B

已经完成自己的条目，但高优先级条目 4 还没有完成。如果这个问题很重要，那么试着把高优先级条目分散到多个团队中。但这不是一个干净利落的解决方案，因为它与团队自主选择相关条目的目标产生了冲突。

3. **分散澄清？**——理想情况下，条目在实现之前已准备就绪，不会带有遗留问题，但有时也会有例外。如果只有两个团队，那么可以很方便地通过一起谈话讨论加以解决。但如果有多达七个团队，一个接一个地回答问题可能会很慢。所以，另一种选择就是让团队"分散"到不同的地方去写问题并做澄清。产品负责人、来自其他团队的人员（尤其是那些参与了这些条目的多团队产品待办事项列表梳理的人员）或其他人员，可以来回走动并提供帮助。记着澄清时写下答案，这样任何缺席的团队成员都可以在以后阅读这些讨论纪要。

4. **寻找合作机会**——因为团队们拥有共享工作、共享代码，需要创建集成产品，而且有些团队可能正在处理强烈相关的条目，所以 SP1 和 SP2 是讨论和确定共享工作和协调机会的上佳时机。最好在多团队 SP2 中处理这类问题（请参阅下一指南）。一个补充或替代做法是：在 SP1 的末尾附近一起讨论。

**多地点**——使用视频等虚拟共享空间技术来讨论条目。如果有问题，最简单的解决办法就是来到一起交谈。如果有许多个团队和许多个条目要讨论，那么请尝试各种不同的技术，如聊天工具，它可以为每个条目开启一个聊天窗口。

**在所有 Sprint 计划之后同步？**——在 SP1 和所有 SP2 会议之后，有些组织喜欢把所有团队成员集合在一起举行简短的同步会议，以了解和调整新问题，例如，团队在 SP2 期间取消了一个条目等。

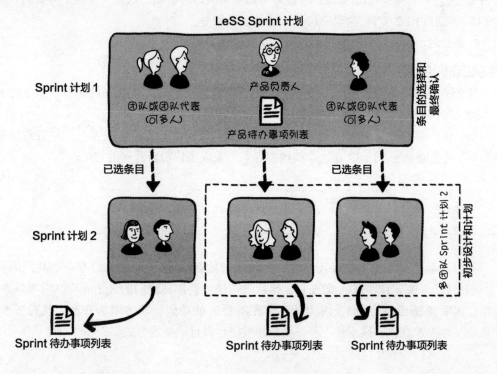

### 12.1.3　指南：多团队 Sprint 计划二

进行 Sprint 计划二（SP2）的一种简单形式是各个团队（包括其所有团队成员）分别或一定程度上并行地执行。关键主题包括讨论设计思路和为 Sprint 待办事项列表中的条目制定计划。在两周长的 Sprint 中，最多使用两个小时。

另一种经常采用的做法是两个或两个以上的团队在同一房间进行多团队 Sprint 计划二（参见 11.1.4 节）。这些团队通常曾一起为相关的条目做过多团队产品待办事项列表梳理（PBR），所以对这种形式比较感兴趣。一般来说，如果团队拥有的条目在需求或设计上紧密相关，那么这些团队在一起进行多团队 SP2 将能够增强对共享工作的讨论、设计、协调和处理。

多团队 SP2 与多团队 PBR 相互衔接，但又不同。后者指混合团体中的多个团队一起澄清条目，而多团队 SP2 指多个团队在共享空间中各自执行各自的 SP2，同时也能立即进行协调。

**场景**——下面是一个多团队 SP2 示例。

**1. 全组问答**——清除迷雾，铺石筑路。

**2. 全组设计与共享工作会议**——对于通用设计，一起讨论和草拟，或使用聚合 – 分散研讨会模式。确定多个团队共有的任务，并决定如何合作。注意！所有 SP2 都只进行（例子）两个小时，因此请保持这个会议短暂且守时。

**3. 单个团队的设计和计划采用分散方式**——团队会移动到房间的不同区域，进行各自的 SP2。通过"叫喊"（just scream）技巧与其他团队即时协调，这是"交谈"方式的一种先进变体（参见 13.1.2 节）。这个阶段是 SP2 的主要部分。

**4. 必要时，再次聚合**——针对所有团队关切的问题。

**"共享工作机会"与"团队之间的依赖关系"**

什么是共享工作？假设两个或多个团队所做的条目具有一个共同的任务，这个任务就是共同或共享工作。

一个仍然具有传统思维模式的团队才会谈论"团队之间的依赖关系"和"管理团队依赖关系"之类的话题。LeSS 在这个问题和观点上采取了快刀斩乱麻的态度。

---

团队之间没有依赖关系；只有潜在的共享工作。

---

如何处理共享工作？在多团队 SP2 中，假设团队 A 和 B 发现他们有一个共同的任务 X。通过讨论，决定让团队 A 实现它，然后将该任务添加到他们的 Sprint 待办事项列表中。简单！如果在 Sprint 的后期发现团队 B 首先需要 X 的功能，那么团队 B 改为执行任务 X，并且只与团队 A 交流，这正是一种以简单的敏捷性进行调整的方式。

对于执行多团队 SP2 的一组自组织特性团队来说，查看或找到共享工作的机会很容易。但是，对于习惯于处理由严格的任务所有权引起的"团队间依赖关系"的团体来说，共享工作是思维方式和实践方式的巨大变化。对于个人代码所有权、组件团队、项目经理分配的任务，或者管理依赖关系并不断协调的单独"团队"，如果要实现共享工作，同样需要在思维方式和实践方式上做出改变。

### 12.1.4　指南：拒绝 Sprint 待办事项列表软件工具

产品待办事项列表和 Sprint 待办事项列表是分开的，因为它们的目的不同。产品待办事项列表用于管理条目，而 Sprint 待办事项列表用于团队管理自己，它不是为产品负责人或外部跟踪而设。《Scrum 指南》强调了 Sprint 待办事项列表只属于团队。所以，每个团队都需要有能力自己选择独特的工具并对其进行定制。因此，不要对产品待办事项列表和 Sprint 待办事项列表使用相同的工具（参见 9.1.6 节）。

虽然数字工具能用于产品待办事项列表，但对于 Sprint 待办事项列表，我们建议：

> 不要使用任何软件工具来处理 Sprint 待办事项列表；只需使用实物可视化管理方法即可，例如墙上卡片。

为什么？原因如下：

❏ **增加与团队的交互，增加信息交流**——像我们多次看到的一样，如果一个人关注团队的行为，他就会发现，把使用"墙上卡片"与使用软件工具处理 Sprint 待办事项列表的团队放在一起比较和对比，很容易看出团队作为团队而不是作为一组人员在使用两种方法时在交互量和协作量之间的巨大反差。墙上卡片的方法鼓励团队行为，而计算机卡片的方法鼓励个人行为。此外，简单性、易用性和易变更性，以及全景可视化能够使团队积极主动地处理他们贴在墙上的 Sprint 待办事项列表中的信息。当团队使用软件工具时，实践中我们看到的则是相反的情况。

❑ **增加 SP2 期间的交互**——仅使用"墙上卡片"意味着 SP2 期间不使用任何计算机，这也是我们的建议。我们观察到计算机会使 SP2 期间的协作趋向终止。

❑ **防止跟踪和微观管理**——观察一下如果团队将 Sprint 待办事项列表信息放在软件工具中会发生什么情况：习惯性的诱惑会驱使经理们开始跟踪团队、比较团队，并进行微观管理。甚至产品负责人也可能开始对 Sprint 待办事项列表进行微观管理。我们已经在几乎所有使用工具的情况下看到了这种机能障碍，我们相信这在很多人中仍然存在。

## 12.2　巨型 LeSS

Sprint 计划按需求领域进行。没有特殊的规则。

### 指南：产品负责人团队会议

每个领域的产品负责人在决策上相对自主，因此在主题和条目的选择上存在丧失整体产品聚焦或需求领域之间的一致性的风险。对策是在下一次 Sprint 之前召开产品负责人团队会议。领域产品负责人分享一些特定情况和接下来的目标，并讨论是否有调整的需要。此外，一个产品负责人可以在会上提供高级别的指导。

此会议还可用于讨论每个需求领域中以前 Sprint 评审会议的结果，作为对计划会议的输入信息。

此会议可以包括部分团队代表，让他们有机会获得更多的学习和反馈，以及至少一个 Scrum Master 以帮助反思和改进。

第 13 章 _Chapter 13_

# 协调与集成

1. 写下问题；2. 认真思考；3. 写下解决方案。

——费曼算法，由默里·盖尔曼描述

## 单团队 Scrum

团队成员为实现共同目标进行自发和即时的互动。产品在 Sprint 过程中逐渐成长的同时，所有工作持续地集成。这些都是一个成功单团队 Scrum 的基本特征。一个好的团队，他们的协调和集成清晰可见！

Scrum 如何支持这一点？核心要素是：自管理、共同责任、共同目标和经验性过程控制。其次是有益的实践：Sprint 计划、Sprint 待办事项列表和每日 Scrum。这些都有助于创造出优秀的团队。

在开放空间中进行 LeSS 协调活动

那么对于多团队，该如何同样创建自发性的、自组织的协调和集成？这是采用 LeSS 所面临的挑战。

## 13.1 LeSS 协调与集成

为什么说的是协调与集成呢？因为在不断地集成的过程中，协调和集成相互交织：集成需要协调，协调产生集成。

规模扩大时，与协调有关的原则包括：

**大规模 Scrum 也是 Scrum**——在一个单团队产品组织中，团队自己处理自己的内部协调。对于多团队，"内部"协调责任将延伸到各个团队，因为他们都有共同的目标，即创建可交付的增量。但是大多数团队不熟悉如何与其他人协调和集成，因为他们只知道如何在他们团队内部进行，并且以前的方式是由单独的管理小组负责大范围的协调。

**系统思维和整体产品聚焦**——传统的孤立团队不负责整体产品，既不协调发布，也不把系统考虑为一个协同工作的整体。新的 LeSS 团队要想看到整体将面临诸多挑战。

**经验性过程控制和持续改进以求完美**——在大型组织中，协调技巧需要符合具体情境并且可以定制。为什么？因为组织和产品背景相当复杂并且变化多端。为了增强团队在协调技术方面的拥有感和参与感，他们需要自己定义和完善这些技巧。

### 13.1.1　LeSS 规则

> 如何进行跨团队协调由团队们来决定。建议非集中式和非正式的协调而不是集中式协调。
>
> 每个团队都有自己的每日 Scrum 会议。

### 13.1.2　指南：交谈

由于多年大型组织的工作经验，以及对大量跨团队协调技巧的观察，我们发现了一种迄今为止似乎最为有效的协调技巧，步骤如下：

1. 意识到需要与团队 B 协调；

2. 站起来；

3. 走到团队 B 面前；

4. 说"嘿！我们需要交谈。"

我们称之为交谈（just talk）。

这听起来好像是一个愚蠢的笑话，但我们是认真的。为什么？我们看到过的模式是，协调方法越正式，真正的协调就越少，因为人们只会觉得使用"正确"的协调渠道很重要。例如，意识到有一个协调问题，然后想起明天下午有一个 Scrum of Scrum 会议。因此，不是现在立即处理协调问题，而是等待，到时再提出来。

团队间协调的最佳方式是仅仅交谈，接受这个观点意味着对协调问题需要重新表述。问题不是"我们应该使用什么协调方法？"而是"团队如何知道他们目前需要协调和交谈？"那么，他们怎么发现交谈的需要，与谁来交谈呢？

> 大规模协调的问题不在于要使用什么协调技巧，而是认识到协调的需要以及决定与谁交谈。

接下来每一个指南都会描述一项协调试验，每项试验包含两部分，主要是特定目的，次要是效果，即建立一个非正式协调的信息共享网。通过这种非正式的信息共享网让团队成员意识到他们需要协调和交谈。

例如，团队之间旅行的人（旅行者）在每个 Sprint 都要到最需要他的地方。主要的目的就是分享和传授他特有的知识，次要的效果是他将实践从一个团队带到另一个团队，并在团队之间建立起非正式的联系。

主要协调指南：
- ❑ 交谈
- ❑ 用代码交流
- ❑ 社区
- ❑ 跨团队会议
- ❑ 开放空间
- ❑ 组件导师
- ❑ 旅行者
- ❑ 侦察员
- ❑ 领头羊团队

在探索如何用代码交流之前，我们首先要探索一下协调环境的基础是什么。

### 13.1.3　指南：有利于协调的环境

如何让信息非正式地在大范围内流动，以便团队知道需要做协调？什么是有利于协调的环境？
- ❑ 团队负责协调

❑ 采用分散式和非正式协调

❑ 特性团队具有共同目标

❑ 整体产品聚焦

❑ 友好的物理和虚拟环境

## 团队负责协调

在 LeSS 中，协调和集成由团队负责，而不是由诸如"项目管理团队"或"集成团队"之类的单独团体负责。意思是？每个团队负责与其他团队的协调，以确保在每个 Sprint 至少交付一次集成产品增量。为什么这很重要？

❑ 将协调和集成的决策责任和行动责任交给实际工作的人员

❑ 支持团队自己负责自己的流程，然后持续改进

❑ 减少延迟和交接

❑ 降低组织复杂性——不需要特殊角色

## 采用分散式而不是集中式协调

集中式协调技巧就是举办所有团队的人员都参加的会议，例如 Scrum of Scrum、非正式大型会议，或项目状态会议（通常会加之以敏捷标签，不过没有实质上的不同）。有弱点吗？它们增加了信息交换瓶颈、交接、延迟、"这不是我的问题"的行为等。

分散式协调技巧不需要中央会议或中央小组，它围绕人们的交互网络。例如，团队在共享空间中工作和交谈，或多地点团队通过聊天工具讨论等。这些技巧避免了瓶颈、交接、延迟，但是有几个缺点：难以从总体角度看问题是否正在消失；有关整个系统的信息不够广泛，也不能始终如一地共享。

除了分散式技术，还有紧急协调行为，在 LeSS 中，鼓励这种紧急行为。为什么？在大型系统中，集中式协调和规定方法的协调可能会抑制经验性过程控制和持续改进，以及团队对这些过程的拥有感。

没有错误的二分法：两种方法都有帮助，但更倾向于分散式。

> 鼓励采用自下而上的紧急协调行为。
>
> 分散式协调技巧支持这一方法。

## 具有共同目标的特性团队

对于组件团队来说，团队之间的依赖关系是不同步的，而且团队之间没有共同的目标。功能 F 需要组件团队 A 和 B 的工作。这个 Sprint 中，团队 A 在处理功能 F 中的自己那一部分，因为这是他们优先级最高的工作。但是团队 B 在几个 Sprint 之后开始处理功能 F 中的自己那一部分，然后试图将自己的工作与团队 A 集成。但由于集成出现问题，团队 B 试图

与团队 A 协调。这时便引起了冲突——如果协调对他们来说就是一种中断——因为团队 A 现在的重点已经转移了。团队之间的这种状况可以描述为"由于依赖关系而造成了麻烦的中断"，并使事情变得困难。

有了特性团队和共享代码，团队之间的交互将与共同目标相关。例如，在同一个 Sprint 中，特性团队处理不同条目但可以修改公共代码，并进行一些公共或共享工作。所有这些共同工作及其协调在同一个 Sprint 中是相关和同步的。特性团队非常关心共同工作，因为协调有利于所有团队为共同增量而工作。

### 整体产品聚焦

团队合作需要一个共同的目标。相比之下，如果团队各自规划自己未来的 Sprint，那么团队这种各自拥有各自"团队待办事项列表"的做法必将导致团队专注于自己的部分而不是整体产品，因而加剧了团队之间协调的难度。请不要这样做。要增加对整体产品的关注，以便团队之间能够分担在共同 Sprint 结束时共同交付产品增量的目标。

LeSS 的许多元素都是为了促进对整体产品的关注：一个产品负责人、一个产品待办事项列表、一个 Sprint、一个 Sprint 计划一、一个 Sprint 评审，以及一个集成的产品增量。

### 物理环境和虚拟环境

**物理环境：**

❑ 团队合作的最佳方式是所有团队坐在一起工作，而不是单独待在不同的隔间或办公室。团队在各自的空间中共同使用一张桌子，周围摆放着一些平板，用于可视化交流。

❑ 为了尽可能多地实现同地点办公，请减少楼层、大楼和地点的数量。

❑ 在 LeSS 中，需要为规模较大的多团队会议，以及要用到大块白板的设计研讨会提供大型会议室，但摆放的家具要尽可能地少；我们特别喜欢那种从地板到天花板之间都是白色面板的会议室。

❑ 团队成员在地点（或大楼）之间定期的差旅或者走动对广泛交互、学习以及建立高度信任和相互理解的真正友谊或伙伴关系非常重要。

❑ 利用横跨多个团队的共享空间，放松、学习和分享。配备咖啡区，带长条椅的午餐空间，提供有懒人椅并可以自由借阅的、藏书丰富的图书室。

❑ 提供协作用品：结对用凳子，提醒用即时贴，结对画图用的 A4 大小的白板，随时随地讨论用的白板贴，以及任何鼓励合作且方便丢弃的用品。

**虚拟环境：**

共享信息空间，如 wiki、Google 文档等。特别是由于大团体中信息量大，我们所看到的最能有效利用的方式是，让一个人充当类似图书管理员的角色（兼职），他关心并致力于组织、强调和标记信息。

共享交流空间，例如讨论组、邮件列表、通知工具、视频工具和聊天工具——尤其是群组聊天工具（例如 Slack）。

共享和群体编码（socical coding）空间，以便人们在时间或空间上分离时也能一起编码，例如 Screenhero（屏幕共享工具）和"群体编码"工具（例如 GitHub/GitLab），它们使代码交流变得更容易。

## 13.1.4 指南：用代码交流

团队需要协调什么？通常是集成。例如，团队在某个组件上有共享开发工作。传统上，团队在进行变更之前，会意识这一点，这样他们就会处理依赖关系，避免代码重复和合并冲突。

这就引出了一个关键的洞察：利用协调通道促进集成！但采用持续集成后，我们可以反转这种局面，即通过集成通道发现协调需求。

> 传统上协调支持集成，但我们也可以让集成支持协调。

通过持续地集成代码发现协调需求的实践称为用代码交流。怎么做？这里给出一个例子。作为一名团队成员，我每天都会多次将其他人的变更复制到本地副本。每次，我都会快速检查所有变更，当我发现另一个团队同时也在处理同一组件时，我会与他们交谈如何共同工作，以便从彼此的工作中获益。

一个相关的简单实践是在版本控制系统中添加通知，方便人们订阅自己感兴趣的特定组件或文件中的变更。

### 警告：避免分支!

用代码交流使分支变得比以前更加邪恶。为什么？因为特别是在大规模时……

> 分支不仅拖延了集成，还阻碍了团队之间的协调与合作。

没有持续集成，就无法用代码交流。

## 13.1.5　指南：持续地集成

在我们走访过的每个组织中，我们都会问"你们是否在做持续集成？"答案总是"哦，是的！我们安装了 Jenkis !"（或等效的构建工具）。但在同一组织中，开发人员的行为又如何呢？我们看到的是：

❑ 开发人员在签入代码前会等待数天；

❑ 开发人员在单独的分支上工作（或本地 Git 代码库）。

建立 Jenkins 构建系统本身没有问题，但是如果开发人员都延迟签入代码，他们就不是在做持续集成。

> 持续集成隐含正在持续地集成!
>
> 持续集成是开发人员的行为，而不是一种工具。

这就是为什么本指南被称作"持续地集成"，而不是"持续集成"（CI），以强调这样一个重要的概念：持续集成是开发人员的行为，而不是一个构建系统。

那么，CI 的真正含义是什么呢？

> 持续集成是……一种开发人员的行为，它通过小变更来保持可工作的系统，通过在"主干"上非常频繁地集成来扩展系统，它由 CI 系统支撑，并支持自动化测试。

进一步阐述如下：

**开发人员的行为**——CI是开发人员"一直"执行的实践。但由于人们的基本行为很难改变，所以假CI仍在流行。而且CI行为也受到政策的抑制：许多大型团体制定了"你不可以破坏构建"的政策，甚至羞辱破坏构建的人。后果会是什么呢？当然是延误集成了！然后带着错觉继续往后传递构建。CI策略（policy）和CI警察（police）最终伤害了开发人员，而不是帮助了他们。那么解决方案是什么呢？（1）通过消除责备和羞辱来消除恐惧，（2）开展带有持续重构的测试驱动开发，（3）鼓励频繁集成，（4）倡导构建中断时停止与修复的文化。这样，CI才能变成这样一种实践：快速通知开发人员有问题发生并需要协调。如果开发人员说CI伤害了他们，而不是帮助了他们，那就说明什么地方出了问题。

**小的变更**——对一个稳定系统做大变更会破坏其稳定性并极大地破坏它。变更越大，系统恢复稳定所需的时间就越长——通常是超线性的。所以要避免大的变更，取而代之的是把每个变更分成小的增量——这正是精益思想中的小批量概念。每一个微小变更都很容易集成到系统之中。

**扩展系统**——扩展系统意味着培育和发展它。通过CI行为，开发人员可以持续地集成其工作。其不必等待整个功能完成再集成，而是任何时候在不破坏系统的情况下都可以集成少量工作。

**非常频繁**——"持续"的频率是多少？嗯……持续。一个大型产品组如何能接近这样的完美愿景：每秒钟全部集成？也许这不可能达到，但这是方向，它受到以下因素的限制：

**人员分解大变更的技能**——测试驱动开发（TDD）专家通常可以将变更拆分为小到五分钟的TDD周期。真的！

**集成速度**——可以采用以下方式提速：（1）微小批量（例如一个五分钟的TDD周期），（2）现代快速版本控制工具，（3）消除延迟策略，例如"签入前审查代码"。

**反馈回路的时间**——可以采用以下方式减短：（1）在高速计算机上运行快速测试，（2）并行化，（3）多步骤分段执行测试子集以快速失败。

**有能力在"主干"上工作**——而不是在分支上。

## 13.1.6 指南：社区

在按跨职能团队划分的组织中，组织仍然需要关注跨团队的问题，包括职能技能和其他技能、标准、工具和设计等方面。有效的解决方案是创建社区。

社区是一群来自团队的志愿者，他们有共同的兴趣或话题，并且有热情，愿意与同伴讨论和互动，以加深自己的知识，或直接采取行动。参与社区完全是自愿的。

社区不是团队，不实现客户需求。通常，社区专注于职能性实践（例如，设计和体系结构），但也可以针对任何感兴趣的领域而建，例如架构工具、沟通的艺术、Scrum Master 等。社区的覆盖面可以仅仅是几个团队（例如，一个巨型 LeSS 需求领域）、一个产品、一个地点，也可以横跨整个企业。

社区应该充满活力。任何人都可以建立社区。当社区不再有激情，或者不能正常运作时，它就会消亡——有时这个过程会缓慢而持久！

## 社区的目标和权威

社区大致有两个主要目标：

- **增进学习**：社区注重分享知识、倡导学习和提高技能。实践类社区便属于这一类，例如，代码优化社区和测试社区。
- **促成跨团队协议**：有些产品级或企业级跨团队问题必须加以关注。例如，体系结构准则、UI 标准或测试自动化实践等。另一个不太引人注意的跨团队协议例子是架构社区对架构演进的推测，它可用于指导各个团队的设计决策。

许多社区的目的是实现这两个目标，而且往往能够得到实现。例如，测试社区可能会为测试自动化协议提出建议。

有些社区的目标是推动并建立各种协议，其能否做出一些决策，要求团队必须采纳？答案是否定的。

> 社区不能为团队做出决定，但其产生的东西，团队可以决定去采纳。

因此，如果社区希望其产出的东西能为团队所采纳，那么它最好能保证所有团队的广泛参与率。

## 社区提示

繁荣的社区得益于积极主动的组织和长期的专注。好的社区：

- 拥有一个富有热情的社区协调员，她关切并渴望培育出一个强大的社区；她最好是一位积极的实践者；
- 积极争取大多数团队的参与；
- 可见度高且易于发现，每个人都知道当前这些社区并知道如何加入；
- 最好侧重于"问题–解决方案"这类具体的目标，使学习变得实用和具体；

❑ 对社区自身的工作方式和决策机制达成一致；

❑ 可以有一个 Scrum Master 加入进来帮助社区，例如，改进、协调会议或主持研讨会；

❑ 使用 wiki、讨论组、群组聊天；

❑ 定期聚集；

❑ 在组织内得到大力支持和鼓励；组织内的每个人都知道社区办得很好，并且社区也希望他们能够加入，在社区活动中付出努力。

有些做法也会摧毁社区：

❑ 不设社区协调员或协调员不在意自己的社区工作（如果此人是分配来做的，通常会发生这种情况）；

❑ 经常开会只是为了开会；

❑ 成员大多不是来自特性团队；

❑ 将社区视为次要的事情，因此参与度降低，因为"我们太忙了，无法参与"。

**推荐的社区**——我们注意到，有些社区几乎总是有存在的需要，并且不断繁荣，成为成功的群体。这些社区通常有人机界面、设计 / 架构和测试社区。

**活动和输出**——社区不是团队，不实现客户需求。他们做什么，产出是什么呢？

❑ **教学**——例如，向特性团队成员讲授框架设计思想。

❑ **组织教育或指导**——例如，组织现代人机界面（HI）设计课程。

❑ **提议指南或标准**——例如，提议 HI 指南。

❑ **发现工作**——例如，"我们需要更快的消息总线。"

❑ **调查**——例如，举办难点刺探（spike）活动，深入学习和探讨。

❑ **学习和分享**——例如，组织一次闪电对话会议，让社区成员相互分享信息。

❑ **设计研讨**——例如，在白板上讨论框架设计的想法。

社区可以决定调查某件事的必要性。如果投资偏大，应该通过产品待办事项列表，但如果是小的投资，可以直接通过社区来完成。调查或其他活动的结果可能会产生后续工作，例如"制定新框架"，但这不由社区来完成，因为其不是特性团队。如果后续工作可以由常规特性团队处理，那么将其记录在产品待办事项列表中，以便工作能够以一致的方式流向特性团队（参见 9.1.5 节）。

**公司范围内的社区**——除了团体内的社区，通常还需要跨公司的社区——例如，跨产品用户体验的一致性。传统组织结构在处理这一问题时是利用单独的单一职能组，但在跨职能组织中，替代选择是由不同产品社区的特性团队成员组成的公司社区。

**虚假社区**——传统的大型组织按单一职能团队划分结构，如架构团队、测试团队等。大多数组织进行了隐式优化，为的是避免改变现有管理人员和专家的职位，以及权力结构。后果是，我们看到了虚假社区，他们其实是被重新标记为"架构社区"等的、旧的单一特性团队，这给人一种肤浅的印象，似乎什么事情发生了改变，但其实什么也没变（参见 3.1.4 节）。沮丧。

### 13.1.7 指南：跨团队会议

跨团队会议是指来自至少两个团队的人员所参与的活动，人员可以是所有团队成员或者团队代表。在 LeSS 中，跨团队会议被进一步分类为多团队会议、全体会议和其他会议。LeSS 为大多数类型的会议提供有会议指南（或子指南）；本节指南对此加以总结，并提供一些示例和提示。

| 多团队会议 | 全体会议 | 其他类型的会议 |
|---|---|---|
| 至少两个团队的所有成员 | 所有团队成员、代表，或者全体成员 | 来自各方的与会者 |
| 指南：多团队 PBR | 指南：Sprint 计划一 | 社区会议 |
| 指南：多团队 Sprint 计划二 | 指南：总体 PBR<br>指南：Sprint 评审 | 指南：开放空间 |
| 指南：多团队设计研讨会 | 指南：全体回顾 | 指南：现行体系结构研讨会 |

#### 大型会议

**协助员**——若有一个熟练的协助员，大多数会议会变得更为有效，特别是对于大型会议或研讨会而言。Scrum Master 是很好的协助员人选，但不只是要求她"协助会议"，因为熟练的协助员还需要接受过培训并总是能预先做好准备，特别是需要具备超大群体的协助技能。

**分散 - 聚合循环**——以会议或研讨会的形式把所有人集中在一起可以增加共同理解和步调一致性，并减少信息的散播。这很好，但对于大型团体来说，这种做法的缺点在于：许多人可能不会参加或者会被淹没在其他事务中，还有就是思想的多样性和数量会减少。因此，建议使用周期性的分散 - 聚合会议模式。团队或混合团体有时（例如 30 分钟）分散在房间的不同区域进行活动或讨论，有时集中在一起进行共同的活动或讨论。聚合很重要，但请记住：

> 集中摧毁活力；分散创造活力。

### 多地点会议

许多 LeSS 组织都有多地点开发，我们指导和观察过太多的多地点跨团队会议了。

---

 **提示**

- ❏ **观察，同理心的先决条件**——合作，与信任和同理心有关。为了培养合作能力，需要调动我们的感官——需要观察我们的同事，并且切实去做……
- ❏ **免费的、到处都有的视频工具**——我们看到过两种截然不同的客户案例：（1）要求在一个特殊的房间中使用昂贵的视频会议系统；（2）使用免费且随处都有的视频工具和便宜的视频投影仪。使用免费视频工具的结果是人们白天黑夜都可以不停地使用和参与。
- ❏ **"云"共享文档工具**——请注意，"我将更新 Excel 工作表，并会将其放入共享文件夹"与"打开这个链接指向的共享 Google 工作表，我们可以边交谈，边查看和编辑该工作表。"第二种情况好得多。
- ❏ **分散 - 聚合**——请参阅上一节有关此技巧的内容。对于多地点会议来说，分散阶段是各小组在不同的地点进行各自的会议，这也许很糟，但对于这种情况，它就是一种可能性艺术。

---

### 13.1.8   指南：多团队设计研讨会

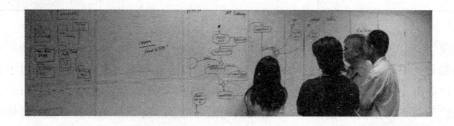

对功能、组件或大规模体系结构元素进行推测性设计时，如果团队之间希望协作，则可以举办一个多团队敏捷建模设计研讨会。

**时间（When）?** ——在多团队 Sprint 计划二中，可以而且应当为接下来要实现的条目经常举办多团队设计研讨会（参见 12.1.3）。但是，当这些条目的新颖度或复杂性很高时，或者当需求及其创新性很重要时，为了从容地生成更多的备选方案，请在之前的 Sprint 中举办一个设计研讨会。尽管这并非理想，因为造成浪费的可能性比较大，但可能需要这样做，因为 Sprint 计划二的时间很短且是基于时间箱的。在应用切分出小功能块方法时，可以在之前的 Sprint 中举办多团队设计研讨会（参见 9.1.3 节）。

**内容（What）？**——所有的东西！设计研讨会可用于人机界面（HI）、数据模型、算法、对象，或大规模组件、服务、交互和"体系结构"等的推测性设计。"

**人物（Who）？**——根据定义，多团队设计研讨会是两个或多个团队的所有成员参加的活动。另外一种重要且常见的形式是架构社区设计研讨会，这是一个社区会议，可以包括多个团队的代表。

**方式（How）？**——使用敏捷建模，这意味着小组一起创建"简单"模型，以培养创造力、对话、可视化和快速更改。敏捷建模的信条？

> 建模是为了进行对话。

敏捷建模的工具？首先，避免使用软件工具。它们往往会把协作、流程和想法扼杀在摇篮之中。专注于简单的实物工具，包括便利贴和白板。

设计研讨会提示如下：

- ❏ **宽阔的"白板"空间**——研讨会的成功与白板空间的大小成正比！不要使用标准白板，而是用"类似白板"的特殊塑料材料（例如，向导墙板）覆盖所有墙壁空间。
- ❏ **多地点建模**——在这种情况下，使用软件工具很难避免。结合视频会议，可以使用平板电脑或浏览器上的协同绘制"白板"应用技术。我们在两地点设计研讨会中使用的另一种方法是实体白板，白板可以通过网络摄像头看到，同时结合分散–聚合模式。
- ❏ **录制**——敏捷建模的重要方面在于沟通，在于体现创造力和不断增加的一致性，而不是便笺或白板草图。如果小组想记住或分享他们在设计研讨会上的成果，可以拍照或录制视频。

**模型不是文档**——敏捷建模是为了建立推测性的"简单"模型，以推动下一个步骤（如编码）的开展，它不是长期保存的文档，所以要保持简单。如果团队要创建一些文档，请应用下一指南……

这用于对话和推测，而非用于建文档

### 13.1.9 指南：现行体系结构研讨会

　　跨团队的现行体系结构学习研讨会旨在对现有的代码内体系结构进行培训。这种学习对于刚刚采用 LeSS，并且正在从组件团队向特性团队和共享代码转型的组织尤为重要。因为在采用组件团队的组织中，大多数人对总体体系结构或其他组件的细粒度体系结构知之甚少。但这种知识对于特性团队的协作非常重要。这些研讨会通常由体系结构社区或组件导师发起。

---

提示

❑ **了解"原（as-is）"体系结构**——确保与会者了解此研讨会的目的，即教育人们了解当前的"原"体系结构；重点是学习和教学。需要时，使用设计研讨会。

❑ **绘制不同的体系结构视图**——使用 4+1 体系结构视图模型对多个视图进行可视化处理，包括大组件的逻辑视图，硬件、网络、流程的部署视图等。

❑ **表演场景**——帮助人们以一种有趣且充满活力的方式来学习和记忆的关键场景，由扮演组件角色的人表演。

❑ **创建技术备忘录**——总结不寻常或值得注意的体系结构元素或设计决策，如"使用 Drools 规则引擎及其原因"或"FSM：我们掌控的方向——是什么和为什么"。"

❑ **举行问答会议，录制视频**——可以采用分散会议方式创建 4+1 体系结构视图和技术备忘录，除此之外，定期将人们聚集在一起针对每个视图和备忘录举行问答会议，讨论是什么和为什么。可以录像。

---

　　最重要的是，人们在一起时可以相互学习，其次，还可以毫不费力地创建数字记录，供他人以后观看。

### 13.1.10 指南：组件导师

特性团队不得不在陌生的领域进行代码开发。如何帮助他们学习陌生的领域呢？特别是在软件组件需要特别谨慎处理的时候。组件导师可以帮助他们，组件导师：

- 是常规特性团队成员，但留出了指导时间；
- 举办现行体系结构学习研讨会，向其他人讲授组件；
- 寻找并指导多个团队的开发人员，同时自己可以了解到有关组件的更多信息；
- 通过结对编程进行教学；
- 创建组件社区；
- 组织或参与对组件有重大影响的设计研讨会；
- 进行代码审查并给出改进反馈；
- 向人们宣传如何改进代码和添加测试；
- 监控组件的长期运行状况；
- 寻找并指导其他导师。

**不批准代码提交**——组件导师不承担批准工作。他们只是该组件的教师和导师。他们不是质量的守门人，否则集成会被严重推迟，从而妨碍协调与合作。在特性团队共享代码组织中，为了提交代码并毫不延迟地集成，可以采用一种乐观的策略，即两种常见的贡献代码的方式（参见 13.1.5 节）：

- **直接提交**——提交并立即推送到中央共享存储库中。这是一种默认的乐观行为。发现有古怪的代码时，导师会进行指导，随着导师指导和改进逐渐深入人心，这种情况会越来越少。
- **合并请求**——组件导师不是守门人，但有时（例如当有人在更改不熟悉的代码时）开发人员会为代码自动创建一个"合并请求"，供导师审查并提供反馈，之后再做合并。

当然，人们不只是做直接提交或者合并请求；他们对更熟悉的代码使用直接提交，对不熟悉的代码使用合并请求。两全其美。

**不处理组件错误**——有一种诱人的局部优化，其表现是将组件错误转给组件导师，他们做得既快又熟练！……这不是组件导师应该做的。

**共享指导**——特别是在向共享代码和特性团队转型的早期阶段，导师可能会负担过重。多增加些导师，并分担工作。

## 13.1.11　指南：开放空间

定期召开开放空间<sup>○</sup>会议，进行学习、协调等。开放空间是一种自组织的会议技巧。步骤：

1. 一起为处理紧急问题的并行会议制定议程。

2. 召集人主持会议，并根据需要派人参加。要求遵守双脚定律<sup>○</sup>：如果你不在状态，不学习，不贡献，那么请挪动双脚，到别的地方去。

LeSS 中开放空间的一些用途：

❑ 作为定期（例如两周一次）的学习与合作会议；

---

 **提示** 在开放空间的同时享用食物和咖啡；

---

❑ 作为全体回顾会议的形式，分析状况并设计改进试验；

❑ 作为为期一天的"季度"会议，深入学习并加强社交网络；

❑ 作为社区会议的形式。

### 类似开放空间的会议

开放空间是颇受欢迎的协作会议方法家族的成员之一，值得尝试。这些方法还包括世界咖啡屋、精益咖啡和它的表弟：有趣的精益啤酒。

## 13.1.12 指南：旅行者

在我们曾经合作过的一个产品组织中，有几名经验丰富的技术专家。该组织创建了特性团队，但不能决定最稀缺的专家应放在哪个团队中，因为这些专家的知识对所有团队都至关重要。（旁注：这种孤立的知识是采用 LeSS 后暴露的一个弱点）于是，两位关键专家暂时变成了旅行者。

旅行者作为团队中的普通成员加入一个 Sprint 工作。他们对小组的所有工作负有共同责任。重要的是，他们的第二个目标是通过教学或其他方法减少团队对他们的依赖。请注

---

○ 更多有关开放空间的描述，请参考 Harrison Owen 所著的《开放空间技术》（Open Space Technology）一书。

○ The Law of Two Feet，又称作 The Law of Mobility，由 Harrison Owen 提出。——译者注

意，没有旅行者陪伴的团队，他们的 Sprint 就要靠自己，需要在没有专家持续支持的情况下找到实现目标的方法。

再强调一点：在 Sprint 过程中旅行者要避免帮助其他团队。这是一种重要的行为准则，它可以激发所帮助团队的活力，让团队专注于向到访 Sprint 的旅行者学习，同时消除对稀缺专业知识的需求。

在 LeSS 采用的早期阶段，经常会让"瓶颈"或"孤立"专家来当旅行者。但任何人都可以成为旅行者；并且有些人喜欢那样的工作方式。尤其是，大型组织可以从旅行者那里获得益处，因为旅行者能带来大量非正式的信息，并能在团队之间建立关系——组织越来越大，这种关系就越来越弱。旅行者可以加强信息协调网络，提高团队间知识或实践的一致性。

---

> **注意** 在 LeSS 中，每个团队的一个主要品质是长期稳定的成员角色，因为团队需要很长时间才能凝聚为一体，展现优异业绩。在 LeSS 中设置一些旅行者的想法并不意味着要把组织转变为包含有寿命短暂的"项目团队"的矩阵管理结构。

---

旅行者何时以及如何决定要访问哪个团队进行 Sprint ？可以是在 Sprint 计划一中。这是一个自组织的团体，所以是由旅行者和团队做出决定，而不是产品负责人。

旅行者可以是临时的，也可以是"永久的"，但是要想成为一个旅行者，需要有一个团队愿意接受访客加入 Sprint。旅行者不能只把自己固定在一个团队中。因此，整个团体需要自我调节旅行者方式的使用程度，如果团队不再接受访客，旅行者就不能作为"永久"旅行者。因此，无论是当时，还是任何时候，旅行者都可以重新找到一个家。

## 13.1.13　指南：侦察员

团队合作的一个简单技巧是派遣侦察员——而不是 Scrum Master——到其他团队学习一些东西，然后再回到自己的团队汇报。这是一个简单的方法，侦察员可以学到什么时候需要交谈，以及和谁交谈。

侦察员作为一个沉默观察人最可能漫游的时间和地点是其他团队的每日 Scrum。什么团队？可能是他参与过的多团队 Sprint 计划二或者多团队产品待办事项列表梳理中的团队。

### 13.1.14 指南：也许不需要 Scrum of Scrum

Scrum of Scrum 会议是团队代表——而不是 Scrum Master 或经理——之间的类似每日 Scrum 会议的会议，通常每周举行三次。

Scrum of Scrum 是正式的集中式会议，因此不建议设置。

也就是说，如果 Scrum of Scrum 工作得非常好，那么……留着它！但是，大多数刚开始采用大规模方法的团队都会觉得他们必须有 Scrum of Scrum，因为他们对大规模方法可能还存在一些错误的理解，所以尽管这并不真正有用，他们也依旧想继续使用 Scrum of Scrum。如果是这样，那么还是放弃它，把注意力放在其他协调方法上。

### 13.1.15 指南：领头羊团队

领头羊团队是指交付功能或一组相关功能时承担额外责任的团队。这类团队梳理和实现功能条目，但同时会附带地关注一组功能的大体情况，这时领头羊团队的责任通常主要是教育和协调（经常是与外部团体协调）。

**教育**——与其他团队相比，领头羊团队与一个功能集的联系更紧密，这可能是因为他们具有相关的背景技能，或者是因为他们是第一个在此领域工作的团队（参见 9.2.4 节）。随着其他团队加入功能集的开发，这些新加入的团队需要接受教育（例如领域问题和不断变化的解决方案），而领头羊团队承担着这一教学角色。例如，在多团队产品待办事项列表梳理期间，他们会解释他们所处理的条目的背景或细节，以帮助新加入的团队理解新条目。或者举办现行体系结构学习研讨会学习和探讨当前架构中将要增加的主要新元素。

**协调**——对于大的功能或功能集，领头羊团队通常承担与外部团体的协调职责，这些外部团体包括创建某个组件的外部组或未完成部门。相反，内部团队之间的协调尽可能留给团队自己来处理。进一步描述如下：

❑ **与外部组件组的协调**——大型产品的一些组件通常由另外的产品团体创建，至少在首次采用 LeSS 时会如此。因此，存在一些需要协调的工作。没有专门的团队或者单独的管理组织来做这些协调工作，而是由领头羊团队来做。虽然协调工作由领头羊团队来负责，但澄清工作应由特定团队与外部组直接进行，以避免更多的切换浪费。

❑ **与未完成部门的协调**——领头羊团队承担端到端功能的开发责任，直到功能可交付到产品中。如果完成定义不够明确，那么就需要在最后的活动期间对未完成部门进行协调和支持，以保证该功能真正可交付。请注意，领头羊团队承担着传统上由项目经理或发布经理承担的责任。

### 13.1.16 指南：混合与匹配技巧

本章介绍的许多技术可以相互促进，一起使用，举例如下：

组件社区——组件导师作为组件社区的社区协调员。社区有一个关于构建失败、代码审查等的讨论列表。他们每隔一段时间会有一次定期聚会……

"组件－社区"开放空间——组件社区发现有许多讨论和培训的需求，并决定举行一次开放空间活动。当然，不单是邀请社区会员，也欢迎每一个人参加。提出议题，进行讨论。继续发现……的需求。

组件导师参加的多团队设计研讨会——组件导师预测到组件中会有许多变化，于是组织设计研讨会。在会议中，组件导师确定哪些团队需要加入因为他是……

组件导师旅行者——组件导师的专业知识限制了许多新特性团队更改组件的能力。他成了一个旅行者，帮助最需要他的团队。当旅行变得寂寞时，他决定加入……

旅行者社区——旅行者为他们所有人创建社区，分享他们加入团队 Sprint 的经历，分享小道传闻，互相学习。最终他们决定组织一个……

旅行者社区开放空间——这里当然也欢迎非旅行者！来自"社区"社区的几个人也加入了进来，以便他们能够了解社区开放空间实践，并与其他团队分享这些信息。

> 社区越多，它们就越强大。

## 13.2　巨型 LeSS

前面的大多数指南也适用于巨型 LeSS。有些指南，如"持续地集成"，本质上是跨需求领域的实践（参见 13.1.5 节）。没有专门针对巨型 LeSS 的特殊规则。

基于前面的"交谈"指南，从其动机和方法中获得灵感，以鼓励跨需求领域的非正式分散沟通。

第 14 章

# 评审与回顾

宪法应该既简短又模糊。

——拿破仑·波拿巴

LeSS Sprint 评审集市

## 单团队 Scrum

Scrum 的核心是针对产品以及如何创建产品的经验性过程控制原则。创建一个小的可交付的产品块，然后检查并调整创建成果和创建方式。本质上，这就是 Sprint 评审和回顾的目的。

在 Sprint 评审中，用户 / 客户及其他利益相关者与产品负责人及团队一起学习。用户可以亲身体验新的功能。人们一起探讨市场情况和用户情况。最后但并非不重要的是，他们会讨论未来该做什么。在 Sprint 回顾中，团队回顾他们的经验，并探讨如何轻松实现能够令人赞叹的、致力于改善环境和改善生活的产品增量。他们不断创造试验并在下一次 Sprint 中尝试，朝着那个不可能的完美愿景，不断前行。

## 14.1　LeSS Sprint 评审和回顾

接下来的指南将描述评审和全体回顾，但不包括单个团队的回顾。规模扩展时，相关原则如下：

**以客户为中心**——"为什么每次 Sprint 评审都要求用户 / 客户参加？"旧组织不习惯跨越孤岛，一起学习。我们遇到过太多这样的团队，他们从未见过用户，他们害怕在评审中有用户参与，因为那意味着真正的透明。

**透明度**——高管们支持透明所带来的有益成效，但要留意，当初次采用 LeSS 的组织实现了真正的透明时会发生什么。许多组织都是不透明的！他们没有胆量透露实际的混乱状况。这一点是很难克服的。

**持续改进以求完美**——我们有客户每年举行一次事后反思和总结，幻想未来创造奇迹般的改进。在我们工作过的许多大型组织中，也总会听到"事情基本上非常好了"的言辞。可以看出，上述情况都体现出了人们没有内在的改进欲望。

**经验性过程控制**——许多大型组织都有一个集中式过程或 PMO 小组，其任务就是改进，其实质就是一种泰勒文化，强硬地将"改进"推给团队。团队没有被授权或参与的感觉。用于产品以及在每个 Sprint 中如何创建产品的经验性过程控制概念，与团队的行为习惯相距甚远。

**整体产品聚焦和系统思维**——拥有孤立团队的大型组织不具备观察整体、对整体负责以及对系统反思的态度和行为。

### 14.1.1　LeSS 规则

有一个产品级 Sprint 评审，是所有团队共同的。确保适当的利益相关者参加并贡献出有效检查与调整所需要的信息。

每个团队都有自己的 Sprint 回顾。

在团队各自回顾之后举行一次全体回顾，以讨论跨团队和全系统范围内的问题，并建立起改进试验。出席会议的人应包括产品负责人、Scrum Master、团队代表和经理（如果有这样的角色）。

### 14.1.2 指南：尽早且经常地调整产品

如果一个公司的规模只有 9 个人，那么我们不希望在这么小的公司里做一些愚蠢的事情，比如制定年度范围和时间表计划，在其中设置大批量用户验收测试结束日期，并试图按计划向该日期推进。但实际上，产品组织越大，就越有可能存在机构化的愚蠢，而其原因或许永远无法知道。其后果是，当大型组织向 LeSS 转型时，他们极有可能将预测性计划和检查验收的做法带到 Sprint 评审，把评审过程演变成检查产品组是否按期完成，以及开发条目是否能验收的活动。

**不要这样做**。相反，尝试敏捷方法和学习。在 Sprint 评审中，寻求有关利润驱动因素、战略客户、业务风险、竞争对手、问题和机遇的新鲜信息，调整和决定下一个 Sprint 的产品方向。需要共同讨论每一个新增需求——每一个人都要学习一些东西，不断重复，永不停息。这是大型组织变革时需要具备的主要思维和行为方式。

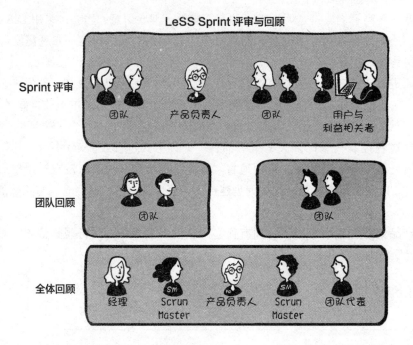

### 14.1.3 指南：评审集市

Sprint 评审集市（Bazar）类似于科学博览会：在一个大房间里划分多块区域，每个区域都有团队代表，在那里与用户、团队等一起进行探索和讨论已开发的条目。本章中开始处展示的照片就是一个例子。

注意！集市不是全体评审。还有一个至关重要的后集市活动，用于讨论和决定下一步要做什么。

使用 Sprint 评审集市方法，从宏观上可以分为两步：（1）以分散方式进行集市式条目探索，（2）以聚合方式，全体一起与产品负责人讨论接下来的方向。第二步更关键，需要为其预留大量时间。

集市阶段步骤举例如下：

1. 为探索不同的条目集准备出不同的区域，还有运行产品的设备。团队成员在每个区域与用户、其他团队成员和其他利益相关者进行讨论。学习是双向的！提供书面反馈卡，以记录值得注意的要点和问题。

2. 邀请人们——包括其他团队成员——走访这些区域。

3. 在探索期间启动计时器（例如 15 分钟）。通过计时器来指示朝向另一个区域的移动节奏。

4. 当人们亲自探索条目并一起讨论时，在卡片上记录值得注意的要点。

    ❑ 提示：避免只做演示，因为它们不能让用户真正参与，也不会引起深刻的反馈。相反，请鼓励用户亲自动手使用产品。团队成员可以回答问题或提供指导。

5. 在短周期结束的时候，邀请人们轮换或保留另一个周期。这些小型周期有助于对所有条目进行广泛和多样化的探索。

集市之后是重要的全体讨论，步骤如下：

1. 人们对反馈卡和问题卡进行分类，以方便产品负责人首先看到重要的反馈和问题卡。

2. 尽管是全体一起讨论，但还是产品负责人主导反馈卡的讨论，如图 14-1 所示。

3. 产品负责人主导关于市场和客户、未来业务、产品的市场反馈以及外部情况的讨论。

4. 就整个评审来说，最重要的是，要对下一个 Sprint 的方向进行讨论，甚至做出决定。

图 14-1　产品负责人带领反馈卡讨论

**多地点**——涉及多个地点开发时如何举办评审集市？一种方法是在每个地点复制这种方法，但要确保所有反馈和问题能够到达产品负责人处。对于集市后的全体讨论，请尝试使用视频会议工具。

集市的另一种或补充形式是人们可以在任何地方的设备上操作产品功能。不使用卡片，而是使用数字工具来记录反馈，如每个条目一个聊天窗口。

### 14.1.4 指南：全体回顾

"由于部署策略的原因，我们无法进行持续交付。""我们的网站太多了。""我们的代码简直是垃圾。""需要太长的时间才能拿到政府监管机构的需求。""我们的进展太慢了。""用户不参与。""人力资源的强制性要求。""供应商不参与。"

这是一些我们多年来常听到的来自 LeSS 采用团体的声音（还有更多）。它们都有一个共同点，那就是它们涉及所有团队的关切点和整个系统，涵盖了从概念到盈利的所有人员和所有事情。

处理这些系统性问题和改进系统使其完善的时机就是全体回顾会议。谁参加？产品负责人、团队代表、Scrum Master 和经理。为什么是他们？因为他们都是系统的一部分，都有兴趣改进问题。他们讨论和学习系统的某些方面，为下一次 Sprint 创建系统性改进试验，以及反思上一次回顾试验的结果，并利用这些结果来学习和做进一步的调整。

LeSS 原则之一是持续改进以求完美。我们曾经拜访过一个正在考虑采用 LeSS 的超大型组织，该组织的一位经理说道："我们正在盈利，并且拥有稳定的客户群。我们为什么要费尽心思做改进呢？"噢！我们已经了解到，对付这种态度是早期采用 LeSS 过程中一个更加困难的挑战，因为在以前的系统中，许多人与客户和业务结果是脱节的。将团队与真正的客户和用户联系起来，让他们参与到产品所有权中来，这是培养向完美改进这一内在愿望的关键步骤。这指的什么呢？没有答案，但有一些例子：

❏ 该产品非常受欢迎，利润丰厚，无缺陷，功能非常容易使用（参见 3.1.6 节）。

❏ 组织具有敏捷性；可以很容易地改变方向，几乎没有摩擦或成本。

❏ 每个人都有优秀的知识广度和深度，对客户和产品都很关心，对工作都很满意。

团队为此将需要一段时间来持续改进！

全体回顾的一些提示如下：

❏ 反思上次试验的结果。

❏ 如下一个指南中所强调的，将重点放在系统上。

❏ 把全体回顾会放在下一个 Sprint 的早期举行，因为当前 Sprint 的最后一天要举行评审和团队回顾会议，人们可能会对当天那么多的会议感到厌倦或精疲力竭。

❏ 至少包括两个主要步骤：（1）系统分析，（2）系统改进试验的设计。

❏ 只创建一个新试验；集中精力，坚持到底。

❏ 请记住，特别是在大规模系统中，一个试验可能需要几周或几个月的支持和活动，因此新的试验可以和前一个试验密切相关。

**多地点**——尝试多地点全体回顾，包括使用视频，以及分散 – 聚合模式。例如，（1）每个地点分别针对某个问题进行 5 个为什么（或 5 问法）⊖分析或系统建模，（2）各个地点共享结果，（3）各个地点分别集体讨论对策，（4）地点之间共享这些结果并挑选一个试验。此

---

⊖ 一种来自日本丰田汽车公司的探究问题根源的方法。——译者注

外，由于有些问题是特定地点相关的（例如环境和文化），请尝试地点级别的回顾。图 14-2
显示了一个示例。

图 14-2　分散阶段的多地点全体回顾

**多团队回顾**——在 LeSS 中，回顾的另一种形式是由两个或多个团队的所有团队成员一
起进行回顾。有些团队可能希望这样做，例如，当他们一直密切合作时。但这并不能取代全
体回顾，因为回顾注重的是系统性。

## 14.1.5　指南：改进系统

陷入局部关注和局部优化的思维误区是我们所有人的本能。全体回顾也难以逃脱，一
种迹象就是把收集到的团队级回顾结果作为"总体"分析的起点，这或许令人感到意外。这
种自下而上的方法忽略了系统思维的一个重要洞察：系统不是其各个部分的总和。所以要特
别小心自下而上的方法。当然，这并不意味着可以忽视所有来自团队的那些重要的升级性问
题。这些确实需要加以注意。我们的观点更敏锐：

> 通过关注系统，理解并改进系统。

系统是什么？涉及从概念到盈利的所有人和所有事，以及系统在时间和空间上的所有
动态。人员、组织设计、实体环境和虚拟环境等都是系统的一部分，而且所有这些都是相互
关联和相互作用的。

系统思维的第一步是"简单地"认识到存在一个完整系统，其中的元素在一个整体中
相互影响。这些影响可能会造成延误、强制循环，并可能产生未被注意或隐藏的后果，进而
带来一连串新的影响。

在某种程度上，"认识到存在一个系统"似乎是一个没有用处的琐碎想法。但其实不是
这样，因为我们智人还没有进化出明白"我们组织中的非线性延迟动态是什么？"的大脑来。
我们进化的结果是"我现在要吃巧克力。"并且，这种局部观点在由单一专门化团体构成的
大型旧组织中得到了强化，从而导致系统观点的丧失。业务分析团体关心他们的任务和局部

效率，他们不了解——也不希望了解——其他方面。简而言之，从生物学、结构学、文化学和条件学等方面，我们很多时候看的是局部，而不是整体。

　　**理解**——如何应用系统思维？如何理解系统，或者更正确地说，如何讨论和思考系统的模型？使用系统模型，也称为因果循环图。从表面上看，系统模型使用的是特定的可视化建模语言或符号，但首先让我们后退一步，考虑一下本节中发生的情况：

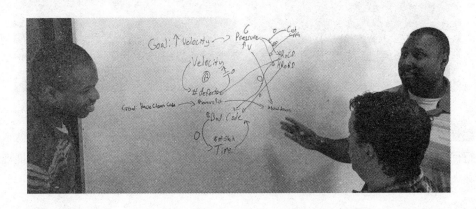

　　表面上，他们用一些符号绘制了一个图表，虽然这并不重要，但这就是讨论的内容和重点。他们在思考和讨论系统及其动态，他们在进行系统性思考。此外，不可低估的是，他们展示了优良模型的信条：

> 我们建模是为了进行对话；输出是共同理解，而不是模型。

　　当团体在全体回顾中一起勾画系统模型时，他们是在探索彼此对原（as-is）系统的理解以及他们的信念。他们把复杂和看不见的概念放在彼此的脑海里，让它们清晰可见……"哦！现在我明白你对当前系统的看法了。是真的吗？"

　　**在早期采用过程中了解更多信息**——本指南强调在回顾过程中使用系统建模，但开始采用 LeSS 时在"第 0 步：全体学习"中，其也很有用（参见 3.1.3 节）。

　　**行动**——在全体回顾中，设计好系统改进试验后一个主要的步骤是：行动！在此步骤中也可以使用系统建模。例如，团体可以推测未来的系统模型，并讨论和探讨其产生的影响。他们还可以讨论在原系统中引入包含特定变更的试验，并为其建立动态模型。可能会发生什么？我们无法预测未来，但我们可以考虑它的场景。除了显而易见的行动试验，可以注意到一些更微妙的事情将会发生：当人们学习一个更好的系统模型时，他们的思想已经在改变，而且它本身能够"有机地"导致未来行为或决策的改善，且与任何具体的行动无关。

**学习系统模型的第一步**

系统建模需要有用的沟通语言，因为系统是有用的。但基本要素并不复杂，足以用来开展许多有用的讨论。基本要素包括：

❑ **变量**——可表示为数量可测量的东西，例如功能的交付速度和代码质量。

❑ **因果关系**——变量之间的相互影响，例如，如果功能个数增加，浪费就会增加，反之亦然。

   ■ **注意**! 对交互和因果关系的思考是系统思维的关键点。对于大规模系统，情况更是如此，因为时间和空间是庞大的，无数参与方之间的交互动态通常充满了隐藏的但至关重要的事实和力量。

❑ **反向影响**——因果关系可能产生反向影响，例如，如果欠佳的开发人员所占的比例上升，则代码质量下降，反之亦然。

图 14-3 中的草图显示了变量的符号，以及正向和反向的因果关系。

---

 提示 在白板上绘制一个系统模型，把变量写在便笺上，以便于移动。

---

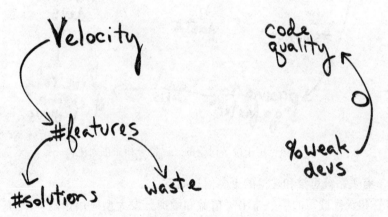

图 14-3　因果联系、变量和反向影响

其他一些有用的概念和相关符号：

❑ **延迟**——对系统行为产生信念缺陷的一个关键原因是影响可能具有延迟。在大规模开发中，因与果在时间上并不紧密，在空间上也不紧密。并且，延迟的结果，例如信息丢失，可能隐藏在团体之间的交互之中。所以人们很难看到和学习这些动态。例如，经理们被要求提高交付速度，并快速解决许多低成本（或欠佳，本例中）开发人员造成的问题。从短期来看，这种快速修复能够提高速度。但是，代码质量降低却会带来长期延迟的后果，例如导致速度变慢 11 个月。

❑ **信念**——系统建模中的另一个关键实践是讨论信念。勾画、声明、暗示或假设"经理可以评估开发人员而无须深入查看其代码",这是一回事,但认识到这可能是信念而不是事实则是另外一回事。我们建模是为了进行对话,所以系统建模是一个讨论信念和让我们意识到信念,使它们可见,并对它们进行批判的时机。

几乎每一个因果关系或变量都是检验和讨论信念的机会。速度是很好的变量吗?测量它会导致什么?欠佳的开发人员是否创建了欠佳的代码?"更多的功能意味着更多的浪费"是什么意思?

图 14-4 中的草图带有延迟符号(跨因果关系的双线)和一些非正式注释。当然,只要团体的理解一致,用什么符号并不重要。

这个示例模型并不意味着是"有见地的",它只是为了说明我们建模是为了进行对话!

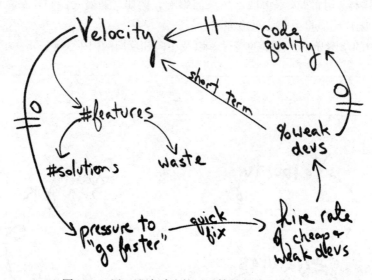

图 14-4 用于澄清讨论的延迟符号和非正式注释

**理解**——有关系统思维和建模的更多信息如下:

☐ 拉尔曼和沃代撰写的第一本书《精益和敏捷开发大型应用指南》中有一章"系统思维"。这一章也可以从 less.works 网页中找到。

☐ 圣吉的《第五项修炼》,一部重要的经典著作。

☐《Thinking in Systems》,由 Meadows 和 Wright 所著。

☐《Systemantics》,由 Gall 所著。

## 14.2 巨型 LeSS

### 14.2.1 巨型 LeSS 规则

巨型 LeSS 没有专门的评审和回顾规则。"所有的 Sprint LeSS 规则都适用于每个需求领域"这句概括性陈述指的是对每个单独的需求领域进行 Sprint 评审和全体回顾。但不需要召开横跨整个产品的会议。

## 14.2.2　指南：多领域评审与回顾

**评审**——尽管不是必需的，但当团体认为需要时，当然可以进行从两个领域到所有领域（完整产品）的多领域评审。

在巨型 LeSS 中为什么没有要求做产品级 Sprint 评审呢？毕竟，不做的话，会减少对整体的关注和视角。首先，团体能够进行产品级审查。但每一个领域往往都很不同，不是从某一个 Sprint 中——至少不是从每一个 Sprint 中——都能获得伟大的洞察。特别是在大规模的情况下，除了将整个产品负责人团队和许多团队的代表聚集在一起之外，产品级评审的复杂性可能会涉及全球多达 10 个地点的人员，因此产品级评审设置和运行起来可能会非常麻烦。需要有一个令人信服的理由来进行产品级评审，如果有的话，也不可能对每个 Sprint 都具有说服力。

**回顾**——类似地，不存在特定的规则要求进行产品级回顾，但确实有理由举行多领域回顾，因为改进系统是关键，组织中的系统是跨领域的。多领域回顾更有可能是在多个领域工作不顺利，或在几个领域遇到类似的问题时进行的。另外，当不同需求领域的团队在同一个物理地点一起工作时，多领域回顾很有用，它能够帮助改善关系和增加知识共享。

第四部分 *Part 4*

# 少即是多

# 下 一 步

这不是结束，甚至不是结束的开始，但这毕竟是开始的结束。

——温斯顿·丘吉尔

恭喜！你已经来到了开始的结尾。接下来是什么？我们希望接下来你通过实践来巩固这本书的思想。

别忘了做试验。另外两本 LeSS 书籍——《精益和敏捷开发大型应用指南》和《精益与敏捷开发大型应用实战》——提供了可以尝试的试验目录。

在撰写本书时，我们创建了一个为期 3 天的"Certified LeSS Practitioner"（LeSS 认证师）课程，其中包括了本书以及其他试验、故事、案例研究和示例。这些课程由"Certified LeSS Trainers"（LeSS 认证培训师）根据其 LeSS 实践经验讲授。此外，每年还有一个 LeSS 大会（LeSS Conference）供大家交流经验。

我们一直在不断地更新 LeSS 网站（less.works）上的内容。你可以通过在线测试来测试自己对 LeSS 的理解程度。我们将继续添加更多内容、视频、案例研究和其他学习材料。

LeSS 网站还在收集越来越多的经验报告。每一份报告都包含有趣的知识和想法，可供尝试和学习。

如果你想写下自己的经验并分享它，可以告诉我们！我们一直在寻找可以学习的经验和可以尝试的新想法。如果你参与了案例研究，并分享了自己的经验，那么该网站可以让 LeSS 认证师对你的经验报告提出自己的见解。总有一些观点值得学习。

通过这些学习资源，我们真诚地希望你能最大限度地提高自己创造具有影响力的产品的乐趣，达到以少为多的境界。

# LeSS 规则

LeSS 规则就是 LeSS 框架的定义。我们认为在实施 LeSS 时都必须遵循这些规则。为什么？请参考 less.works 网站中"Why LeSS"页面上的解释。

## A.1 LeSS 框架规则

LeSS 框架适用于 2 ～ 8 个团队的产品开发。

### A.1.1 LeSS 结构

- ❑ 用真正的团队作为基本单元来构建组织。
- ❑ 每个团队都是（1）自管理的，（2）跨职能的，（3）同地点的，（4）长期的。
- ❑ 大多数团队都是以客户为中心的特性团队。
- ❑ Scrum Master 负责 LeSS 采用的顺利开展。他们关注团队、产品负责人、组织和开发实践。一个 Scrum Master 不只是关注一个团队，而是要关注整个组织系统。
- ❑ Scrum Master 是一个专职角色。
- ❑ 一个 Scrum Master 可以服务 1 ～ 3 个团队。
- ❑ 在 LeSS 中，经理是可选项，但如果经理确实存在的话，他们的角色可能会发生变化。他们的重点要从管理产品的日常开发工作转向提高产品开发系统的价值交付能力。
- ❑ 经理的职责是通过鼓励使用"现场观察"实践，"停止与修复"，以及"试验胜于遵循"的理念来改进产品开发系统。
- ❑ 对于产品组，要把建立完整 LeSS 结构"作为起始点"，这对 LeSS 的采用至关重要。
- ❑ 对于超越产品组的较大组织，通过使用"现场观察"实践，演进式地采用 LeSS，从而创建一个以试验和改进为准则的组织。

## A.1.2　LeSS 产品

❑ 一个完整的可交付产品对应一个产品负责人和一个产品待办事项列表。

❑ 产品负责人不应独自处理产品待办事项列表；而应鼓励多个团队与客户 / 用户及其他利益相关者者直接合作，并从中获得支持。

❑ 所有优先级顺序都由产品负责人确定，但优先级的澄清工作应尽可能直接在团队、客户 / 用户和其他利益相关者者之间进行。

❑ 产品的定义应尽可能广泛，并以最终用户 / 客户为中心。随着时间的推移，产品的定义可能会扩大。我们倾向于范围更广的定义。

❑ 整个产品只有一个"完成"定义，所有团队通用。

❑ 每个团队可以扩展通用的"完成"定义，以形成为自己团队所用的、更为严格的"完成"定义。

❑ 完美的目标是通过改进"完成"的定义，从而在每个 Sprint 中（或者更频繁地）产出可交付的产品。

## A.1.3　LeSS Sprint

❑ 只有一个产品级 Sprint，并非每个团队都有不同的 Sprint。所有团队同时开始和结束一个 Sprint。每个 Sprint 都会产生一个集成的整体产品。

❑ Sprint 计划由两部分组成：Sprint 计划一由所有团队共同制定，而 Sprint 计划二通常由各个团队各自制定。多个团队可以在一个共享空间中为紧密相关的条目一起制定 Sprint 计划二。

❑ Sprint 计划一需要产品负责人和团队（或团队代表）参加。他们一起试探性地选择每个团队在该 Sprint 中要做的条目。团队识别一起协作的机会，并澄清最终的问题。

❑ 每个团队都有自己的 Sprint 待办事项列表。

❑ Sprint 计划二用于让团队决定他们将如何执行所选条目。这里通常会涉及设计和创建他们的 Sprint 待办事项列表。

❑ 每个团队都有自己的每日 Scrum 会议。

❑ 如何进行跨团队协调由团队们来决定。建议非集式和非正式的协调而不是集中式协调。可以采用代码交流、跨团队会议、组件导师、旅行者角色、侦察员角色和开放空间等方式，强调"交谈"和非正式的网络。

❑ 产品待办事项列表梳理（PBR）由每个团队针对将来可能执行的条目而进行。要进行多团队和总体 PBR 工作，以提高团队成员对待办事项列表理解的一致性，并在条目密切相关或者需要更广泛的输入 / 学习时，发现并利用各种协调机会。

❑ 有一个产品级 Sprint 评审，是所有团队共同的。确保适当的利益相关者者参加并贡献出有效检查与调整所需的信息。

❑ 每个团队都有自己的 Sprint 回顾。

❑ 在团队各自回顾之后举行一次全体回顾，以讨论跨团队和全系统范围内的问题，并建立起改进试验。出席会议的人应包括产品负责人、Scrum Master、团队代表和经理（如果有这样的角色）。

## A.2　巨型 LeSS 框架规则

巨型 LeSS 适用于 8 个或 8 个以上的团队。要避免在较小的产品组应用巨型 LeSS，因为这会导致过多的开销和局部优化。除非另有说明，所有 LeSS 规则都适用于巨型 LeSS。每个需求领域对应一个基本 LeSS 框架。

### A.2.1　巨型 LeSS 结构

❑ 从客户角度看，强相关的客户需求按需求领域分组。

❑ 每个团队专门负责一个需求领域。团队应长时间固定于一个领域。当其他领域价值更高时，团队可能会因此而改变其需求领域。

❑ 每个需求领域有一个领域产品负责人。

❑ 每个需求领域有 4 ～ 8 个团队。应避免超出这个范围。

❑ 巨型 LeSS 的采用，包括组织结构的改变，应采用演进增量的方式进行。

❑ 每一天都要记得：巨型 LeSS 的采用需要持续几个月甚至几年的时间，还需要有不尽的耐心和充足的幽默感来支撑。

### A.2.2　巨型 LeSS 产品

❑ 每个需求领域有一个领域产品负责人。

❑ 一个（总体）产品负责人负责产品级的优先级划分，并决定哪些团队在哪个领域工作。他应与各领域产品负责人密切合作。

❑ 领域产品负责人就是其团队的产品负责人。

❑ 有一个产品待办事项列表；其中的每一个条目只属于一个需求领域。

❑ 每个需求领域有一个领域产品待办事项列表。从概念上讲它是一个产品待办事项列表的更精细的视图。

### A.2.3　巨型 LeSS Sprint

❑ 只有一个产品级 Sprint，并非每个需求领域都有不同的 Sprint。产品级 Sprint 产生一个集成的整体产品。

❑ 产品负责人和领域产品负责人必须频繁同步。在 Sprint 计划开始之前，他们需要确保团队正在处理的是最有价值的条目。在 Sprint 评审之后，他们需要进一步在产品级对条目做出调整。

# 推荐阅读

## SAFe 4.0参考指南：精益软件与系统工程的规模化敏捷框架

书号：978-7-111-56473-7　作者：Dean Leffingwell等著　定价：99.00元

**SAFe创始人亲笔撰写，SAFe实践权威指南**

**从团队、项目群、价值流和投资组合四个层级，全面、系统地给出企业级大规模敏捷实施的策略和框架**

**资深敏捷专家翻译，IBM、Dell EMC、华为等业内实践者作序推荐**

SAFe知识体系是基于实际的工作和经验诞生的，也是在企业层面得到了验证的、实现精益-敏捷软件和系统开发的成功模式。本书提供了一套在企业的投资组合、价值流、项目群和团队各个层面的完整的工作指南，包括构成框架的各种角色、活动和工件，以及价值观、理念、原则和实践的各种基本要素。